航空宇宙工学テキストシリーズ

圧縮性流体力学

一般社団法人 日本航空宇宙学会〔編〕

麻生 茂　川添 博光　澤田 惠介〔著〕

丸善出版

はしがき

　一般社団法人日本航空宇宙学会は，航空宇宙工学を初めて学ぶ大学生向けに「航空宇宙工学テキストシリーズ」を刊行することとなった．航空宇宙工学には，空気力学，飛行力学，構造力学，推進工学等の学問分野があるが，そのうちの空気力学分野については3巻に分けて刊行することとした．本書（第3巻）は『圧縮性流体力学』と題し，第1巻の『空気力学入門』，第2巻の『粘性流体力学』とともに学んでもらうことで，航空宇宙工学を専攻する学部学生が必要とする空気力学の知識を得られる構成になっている．

　これら一連の3巻にわたる空気力学の教科書の特徴は，次の3点である．まず航空宇宙工学を学ぶ学生が修得すべき空気力学の知識をすべて網羅するべく，教科書執筆に際して空気力学のキーワード集を事前に取りまとめ，これにもとづいて各巻を執筆することとした．日本航空宇宙学会では『第3版 航空宇宙工学便覧』（丸善）を刊行しているが，これに掲載されている空気力学関係のキーワードをまず抽出し，その中から学部学生が修得すべきものを吟味した．このキーワード集をもとにして執筆された3巻の教科書を学ぶことで，学部レベルの空気力学の知識をすべて修得できる．

　2点目は，第1巻の巻頭に「空気力学とは」と題する空気力学を俯瞰する章群を掲載したことである．この章群の記述では，これ以降の内容と重複する箇所があることをあえて許している．これによって全体を把握した後に，第1巻のそれ以降ならびに第2巻，第3巻において詳細を学ぶという2段階を経ることで，空気力学について，より容易に，かつ必要十分な知識が得られるようにした．

　3点目は，一連の教科書を学んだ学生が将来，航空宇宙産業で活躍できるように，航空宇宙産業界に入ってすぐに役に立つ空気力学の知識も含めるように

したことである．そのために，航空宇宙産業界で空気力学関係の業務にあたっている日本航空宇宙学会会員から情報を集め，それらをできるだけ本文に反映するようにした．

　これら一連の3巻にわたる空気力学の教科書を，航空宇宙工学を初めて学ぶ学生のみならず，航空宇宙工学を専攻しなかった若い技術者の方々にも活用いただくことができれば，著者一同にとって望外の喜びである．

　　2015年9月

著　者　一　同

編集委員・執筆者一覧

編集委員会

池 田 忠 繁　名古屋大学大学院工学研究科航空宇宙工学専攻
上 野 誠 也　横浜国立大学大学院環境情報研究院人工環境と情報部門
澤 田 惠 介　東北大学大学院工学研究科航空宇宙工学専攻
鈴 木 宏 二 郎　東京大学大学院新領域創成科学研究科先端エネルギー工学専攻
玉 山 雅 人　国立研究開発法人宇宙航空研究開発機構航空技術部門
　　　　　　　次世代航空イノベーションハブ
土 屋 武 司　東京大学大学院工学系研究科航空宇宙工学専攻
姫 野 武 洋　東京大学大学院工学系研究科航空宇宙工学専攻
李 家 賢 一　東京大学大学院工学系研究科航空宇宙工学専攻

執 筆 者

麻 生　　 茂　九州大学工学府航空宇宙工学専攻
川 添 博 光　鳥取大学大学院工学研究科機械宇宙工学専攻
＊澤 田 惠 介　東北大学大学院工学研究科航空宇宙工学専攻

［五十音順．所属は 2015 年 7 月現在．＊印は本書幹事］

目　次

第1章　序　論　　1
1.1　圧縮性流れの特徴 …………………………………………………… 1
1.2　音 の 伝 搬 …………………………………………………………… 5
1.3　マッハ角，依存領域，影響領域 …………………………………… 8
1.4　衝撃波の発生メカニズム …………………………………………… 11
　演 習 問 題 ……………………………………………………………… 14
　コ ラ ム　超音速航空機の開発動向とわが国における飛行試験経験 … 15

第2章　保存則と基礎方程式　　21
2.1　質量保存則 …………………………………………………………… 21
2.2　運動量保存則 ………………………………………………………… 22
2.3　エネルギー保存則 …………………………………………………… 24
2.4　積分形の保存則と微分形の保存則 ………………………………… 25
2.5　微小領域に対する保存則 …………………………………………… 27
2.6　保存則のベクトル表記 ……………………………………………… 28
　演 習 問 題 ……………………………………………………………… 29

第3章　熱力学関係式と等エントロピー流れ　　33
3.1　理想気体の状態方程式 ……………………………………………… 33
3.2　完全気体と理想気体 ………………………………………………… 33
3.3　保存方程式における状態方程式 …………………………………… 34
3.4　熱力学の第1法則 …………………………………………………… 35
3.5　熱力学の第2法則とエントロピー ………………………………… 36

目次

- 3.6 エントロピーを用いた熱力学第1法則の表現 …… 39
- 3.7 エントロピー変化の計算 …… 40
- 3.8 流れの全エンタルピー …… 41
- 3.9 等エントロピー流れの関係式 …… 42
- 3.10 圧縮性流れ場の圧力係数 …… 44
- 3.11 クロッコの定理 …… 45
- 演習問題 …… 46

第4章 垂直衝撃波 49

- 4.1 種々の衝撃波 …… 49
- 4.2 垂直衝撃波と保存則 …… 50
- 4.3 垂直衝撃波の関係式 …… 53
- 4.4 垂直衝撃波によるエントロピー変化 …… 57
- 4.5 プラントル・マイヤーの関係式 …… 59
- 4.6 全圧の変化 …… 61
- 演習問題 …… 63

第5章 1次元非定常流 65

- 5.1 微小擾乱の仮定にもとづく方程式の線形化 …… 65
- 5.2 特性曲線とリーマン不変量 …… 67
- 5.3 1次元等エントロピー流れの特性曲線 …… 68
- 演習問題 …… 71
- コラム 圧縮性流体力学を道具として眺める―最適設計の世界 …… 72

第6章 斜め衝撃波 77

- 6.1 斜め衝撃波の関係式 …… 77
- 6.2 斜め衝撃波前後における流れの変化 …… 82
- 6.3 弱い衝撃波と強い衝撃波 …… 84
- 6.4 斜め衝撃波の反射と干渉 …… 87
  - 6.4.1 正常反射の流れ場 …… 88

- 6.4.2 マッハ反射の流れ場 ································· 89
- 6.4.3 ノイマン基準 ······································· 90
- 6.5 超音速機の空気取り入れ口と全圧損失 ····················· 91
- 演習問題 ··· 93

第7章 膨張波 95
- 7.1 緩やかに変化する曲面に沿う超音速流 ····················· 96
- 7.2 プラントル・マイヤー関数 ······························· 99
- 7.3 プラントル・マイヤー膨張の限界 ························· 101
- 演習問題 ··· 105

第8章 ノズル流れ 109
- 8.1 微分関係式と準1次元流れの仮定 ························· 109
- 8.2 ノズル断面積と流速の関係 ······························· 111
- 8.3 貯気槽から流出する種々の流れ ··························· 112
  - 8.3.1 等エントロピーの亜音速流れ ······················· 114
  - 8.3.2 等エントロピーの超音速流れ ······················· 114
  - 8.3.3 拡大管内部に垂直衝撃波を伴う流れ ················· 117
  - 8.3.4 過膨張の流れ ····································· 118
  - 8.3.5 不足膨張の流れ ··································· 120
- 8.4 衝撃波管と衝撃風洞 ····································· 121
  - 8.4.1 衝撃波管における現象 ····························· 121
  - 8.4.2 衝撃波～接触面の領域 (2) について ················ 123
  - 8.4.3 接触面～膨張波先頭の領域 (3) について ············ 124
  - 8.4.4 衝撃マッハ数 M_{s1} の決定 ····················· 126
  - 8.4.5 領域 (2) の状態 ·································· 127
  - 8.4.6 領域 (3) の状態 ·································· 127
  - 8.4.7 領域 (5)（反射衝撃波後方の領域）の状態 ·········· 127
  - 8.4.8 衝撃波管で発生する衝撃マッハ数 ··················· 128
- 8.5 衝撃風洞による超音速流の生成 ··························· 130

演習問題 ………………………………………………………………… 132

第9章 数値解析 135

9.1 2次元非粘性圧縮性流れ場 ……………………………………… 135
9.2 数値計算法 ………………………………………………………… 136
   9.2.1 空間の離散化 ……………………………………………… 136
   9.2.2 有限体積近似 ……………………………………………… 137
   9.2.3 有限体積法の近似精度 …………………………………… 139
   9.2.4 時間刻み幅 ………………………………………………… 141
9.3 垂直衝撃波 ………………………………………………………… 143
9.4 斜め衝撃波 ………………………………………………………… 147
9.5 プラントル・マイヤー膨張 ……………………………………… 150
9.6 ラバールノズル …………………………………………………… 152
9.7 翼周りの遷音速流れ場 …………………………………………… 155
9.8 過膨張，適正膨張，不足膨張ジェットの計算 ………………… 158
演習問題 ………………………………………………………………… 161

第9章で使用したプログラムは，以下の日本航空宇宙学会ホームページからダウンロードすることができます．

http://www.jsass.or.jp/

・ダウンロード・インストール，ならびにお手持ちのコンピュータの利用環境下でのソフトウェアの使用等の運用（以下，運用等）については，読者の責任と判断によって行ってください．

・読者の運用等の結果に際して，編者，著者および丸善出版株式会社はいかなる責任も負いません．

・また，運用等に関するいかなる質問に対しても，編者，著者および丸善出版株式会社はお答えできません．

・本プログラム提供サービスは予告なしに終了する可能性もあります．

流体力学が関連する代表的な無次元数

無次元数	記号	定義	意味	備考
ダムケラー数 Damköler number	Da	$\dfrac{t_{re}}{t_{ch}}, \dfrac{\delta\dot{\omega}}{\rho u}$	$\dfrac{\text{化学反応する場所に滞留する時間}}{\text{化学反応に要する時間}}$	拡散燃焼の安定性を論ずるときの代表的なパラメータ. Da が小さいと不安定. 発火, 着火, 消炎と関連.
エッカート数 Eckert number	Ec	$\dfrac{u^2}{2c_p\Delta T}$	$\dfrac{\text{運動エネルギー}}{\text{熱力学的エネルギー}}$	物体と流体間に熱伝達を伴う流れ場を特徴付けるパラメータ. 2 が付かない標記もある.
フルード数 Froude number	Fr	$\dfrac{U}{\sqrt{gL}}$	$\dfrac{\text{慣性力}}{\text{重力 (浮力)}}$	慣性力と重力 (浮力) が同時に問題となる場合に用いる. 表面波, 造波抵抗, ブルームと関連.
グラスホフ数 Grashof number	Gr	$\dfrac{L^3 g\beta\Delta T}{\nu^2}$	$\dfrac{\text{浮力}}{\text{粘性力}}$	重力のある場で周囲気体と温度差がある物体付近の粘性流れの性質を表す. 自然対流と関連. $10^8 < Gr < 10^9$ で乱流遷移.
カルロビッツ数 Karlovitz number	Ka	$\dfrac{\delta}{u}\dfrac{du}{dn}$	火炎面積の増加割合	予混合火炎面の性質に及ぼす流れ場の影響を表すパラメータ. 火炎伸長による吹き消え (K が大きいとき) と関連.
クヌーセン数 Knudsen number	Kn	$\dfrac{l_m}{L}$	$\dfrac{\text{平均自由行程}}{\text{物理的スケール}}$	$Kn \lesssim 0.01$ 連続体 (流れ) $0.01 \lesssim Kn \lesssim 1$ 中間流 $1 \lesssim Kn$ 自由分子流
ルイス数 Lewis number	Le	$\dfrac{\alpha}{D}=\dfrac{Sc}{Pr}$	$\dfrac{\text{熱の拡散速度}}{\text{物質の拡散速度}}$	$Le=1$ の場合, 温度変化の及ぶ範囲と濃度変化の及ぶ範囲が一致.
マッハ数 Mach number	M	$\dfrac{u}{a}$	$\dfrac{\text{流速}}{\text{音速}}$	$M<1$ 亜音速, $M=1$ 付近 遷音速, $M>1$ 超音速, $M>5$ 極超音速.
ヌッセルト数 Nusselt number	Nu	$\dfrac{hL}{\lambda}$	$\dfrac{\text{対流による熱移動速度}}{\text{伝導による熱移動速度}}$	流れのない場合の熱伝導による移動熱量に対する流れのある場合の壁面への熱伝達による熱量の比.
ペクレ数 Péclet number	Pe	$\dfrac{uL}{\alpha}=Pr\cdot Re$	$\dfrac{\text{対流による移動熱量}}{\text{拡散による移動熱量}}$	移動が熱量ではなく質量の場合, $d \to D$, $Pr \to Sc$ に入れ替わる.

流体力学が関連する代表的な無次元数

名称	記号	定義	意味	備考
プラントル数 Prandtl number	Pr	$\dfrac{\nu}{\alpha} = \dfrac{c_p \mu}{\lambda}$	$\dfrac{\text{運動量の拡散速度}}{\text{温度の拡散速度}}$	温度変化の伝わる範囲に対する速度変化の伝わる範囲の大きさを表す. $Pr > 1$ のとき速度境界層が温度境界層より厚い.
レイノルズ数 Reynolds number	Re	$\dfrac{UL\rho}{\mu}$	$\dfrac{\text{慣性力}}{\text{粘性力}}$	ポテンシャル流は Re が十分大きい流れに相当.
リチャードソン数 Richardson number	Ri	$\dfrac{(g/\rho)(d\rho/dn)}{(du/dn)^2}$	$\dfrac{\text{浮力}}{\text{慣性力}}$	密度変化のある層状をした流れの安定性, 成層流, 重力流と関連.
ストローハル数 Strouhal number	S	$\dfrac{fL}{U}$	$\dfrac{\text{物体のスケール}}{\text{周期的変動の空間スケール}}$	非定常流れにおける代表的パラメータ. $S = 0.2$ はカルマン渦, 空力音などにおける代表的数値.
シュミット数 Schmidt number	Sc	$\dfrac{\nu}{D}$	$\dfrac{\text{運動量の拡散速度}}{\text{物質の拡散速度}}$	Pr と分母が異なる ($\alpha \to D$). 濃度変化の伝わる範囲に対する速度変化の伝わる範囲. $Sc < 1$ のとき濃度境界層が速度境界層より厚い.
シャーウッド数 Sherwood number	Sh	$\dfrac{h_m L}{D}$	$\dfrac{\text{流れによる壁面への物質伝達質量}}{\text{拡散による物質移動質量}}$	拡散と対流による物質移送の比. 熱移送に対する Nu に対応.
スタントン数 Stanton number	St	$\dfrac{h}{\rho c_p U}$	$\dfrac{\text{流体への伝達熱量}}{\text{流体の熱容量}}$	強制対流熱伝達のパラメータ. $St = \dfrac{Nu}{Pr \cdot Re} = \dfrac{Nu}{Pe}$.
ウェーバー数 Weber number	We	$\dfrac{\rho U^2 L}{\sigma}$	$\dfrac{\text{慣性力}}{\text{表面張力}}$	気泡や液滴の運動に伴う安定性問題や表面波の生成などに表れるパラメータ.
コバスネイ数 Kovasznay number	Γ	$\dfrac{u'\delta}{lS_L}$	$\dfrac{\text{化学反応の特性時間}}{\text{乱流拡散の特性時間}}$	乱流予混合火炎の取り扱いを層流火炎が複雑化したもの, または火炎帯が厚くなったものとするかを判断する基準. 離状火炎 ($\Gamma < 1$), 連続的火炎 ($\Gamma > 1$).

a：音速　c_p：定圧比熱　D：拡散係数　du/dn：速度勾配　f：周波数
g：重力加速度　h：熱伝達係数　h_m：物質伝達係数
L：代表長さ　l：乱れのマイクロスケール　l_m：分子の平均自由行程　$Re_{cr} = 2300$：臨界レイノルズ数
S_L：層流燃焼速度　U：代表速度　u：速度　u'：変動速度
α：熱拡散率（温度伝導率）　$\alpha = \lambda/\rho c_p$　β：体膨張率　ΔT：温度差　δ：火炎厚さ　μ：粘性係数
ν：動粘性係数 μ/ρ　λ：熱伝導率　ρ：密度　σ：表面張力　$\dot{\omega}$：単位体積あたりの化学反応速度

1

序　論

1.1　圧縮性流れの特徴

　すべての物体は圧力が変化すると体積が変化し，それに伴って密度も変化する．これが物体の圧縮性である．空気中を高速で飛行する航空機やロケットは，空気の有する圧縮性のゆえに低速で飛行する航空機と異なりさまざまな現象を経験する．例えば，航空機の速度を低速から増加していき音速を超えて加速しようとすると機体の抵抗係数が急激に増加し極大値をとったあと減少する現象（音の壁，sound barrier），音の速度を超えて飛行する航空機に観察される衝撃波や膨張波の発生とその伝搬などがその一例である．このような圧縮性を伴う流れを取り扱う流体力学が**気体力学**（Gas Dynamics）である（**圧縮性流体力学**（Compressible Fluid Dynamics）ともいう）．気体力学は，高速で飛行する航空機に働く空気力や機体周りの流れの特性を理解するためには必須の学問である．また，宇宙旅行の先駆けとなるサブオービタルの宇宙飛行機や地球周回軌道から大気圏に突入する宇宙往還機なども音の速度の 3～25 倍ほどの速度で飛行するため，その超音速飛行（supersonic flight，音の速度の数倍までの速度の飛行）や極超音速飛行（hypersonic flight，一般に音の速度の 4～5 倍以上の速度の飛行）を実現するためにも気体力学の知識が基礎学問として必要である．本書ではこの気体力学について述べる．

　最初に流れの圧縮性の意味をより詳細に調べてみよう．まず，流れ場中の流体（流体粒子）のある物理量 f の変化を考える．時間と空間の 4 次元空間の A 点 (t, x, y, z) と，空間内で少し異なる B 点 $(t+\Delta t, x+\Delta x, y+\Delta y, z+\Delta z)$ におけるなめらかな物理量 f の差分は

$$\Delta f = f(t+\Delta t, x+\Delta x, y+\Delta y, z+\Delta z) - f(t,x,y,z)$$
$$= \left(\frac{\partial f}{\partial t} + \frac{\partial f}{\partial x}\frac{\Delta x}{\Delta t} + \frac{\partial f}{\partial y}\frac{\Delta y}{\Delta t} + \frac{\partial f}{\partial z}\frac{\Delta z}{\Delta t}\right)\Delta t + O(\Delta^2) \quad (1.1.1)$$

であり，したがって

$$\frac{\Delta f}{\Delta t} = \frac{\partial f}{\partial t} + \frac{\partial f}{\partial x}\frac{\Delta x}{\Delta t} + \frac{\partial f}{\partial y}\frac{\Delta y}{\Delta t} + \frac{\partial f}{\partial z}\frac{\Delta z}{\Delta t} + O(\Delta) \quad (1.1.2)$$

とかける．いま，B 点が A 点を通る 4 次元空間中の流線に沿って A 点に近づく極限を考える．このとき

$$\lim_{\Delta t \to 0}\frac{\Delta x}{\Delta t} = u, \quad \lim_{\Delta t \to 0}\frac{\Delta y}{\Delta t} = v, \quad \lim_{\Delta t \to 0}\frac{\Delta z}{\Delta t} = w \quad (1.1.3)$$

とすると（u, v, w は流速の x, y, z 成分）

$$\lim_{\Delta t \to 0}\frac{\Delta f}{\Delta t} \equiv \frac{\mathrm{D}f}{\mathrm{D}t} = \frac{\partial f}{\partial t} + u\frac{\partial f}{\partial x} + v\frac{\partial f}{\partial y} + w\frac{\partial f}{\partial z} \quad (1.1.4)$$

とかける．ここで $\mathrm{D}f/\mathrm{D}t$ を f の**実質微分**（substantial derivative）とよぶ．$\mathrm{D}f/\mathrm{D}t$ は流体粒子の物理量 f の時間変化を表すと考えればよい．

　流体は圧力変化とともに密度が変化することを述べた．**非圧縮性流体**とは流体粒子の密度が変化しないことであり，流体の密度 ρ は次の式に従う．

$$\frac{\mathrm{D}\rho}{\mathrm{D}t} = 0 \quad (1.1.5)$$

空間的にも時間的にも密度が一定の場合は，明らかに式 (1.1.5) を満たす．しかし，流れ場中に密度成層が生じる場合など，密度が一定ではない場合でも，式 (1.1.5) を満たせば非圧縮性流体と考えることができる．これに対して，圧縮性流体とは流体粒子の密度変化が生じる流体であり，$\mathrm{D}\rho/\mathrm{D}t \neq 0$ と考える．

　次に，流体の圧縮率について考える．いま，図 1.1.1 のように，比体積 v の物体に圧力 p が働いているとする．比体積は単位質量の気体の体積を表す．この圧力が微小量 $\mathrm{d}p$ だけ増加し $p+\mathrm{d}p$ になったとき，比体積は $v+\mathrm{d}v$ になった（$\mathrm{d}v$ は圧縮を受けているので実質的には負の値）とする．このとき，物体の**圧縮率** β [m^2/N] は次式で定義する．

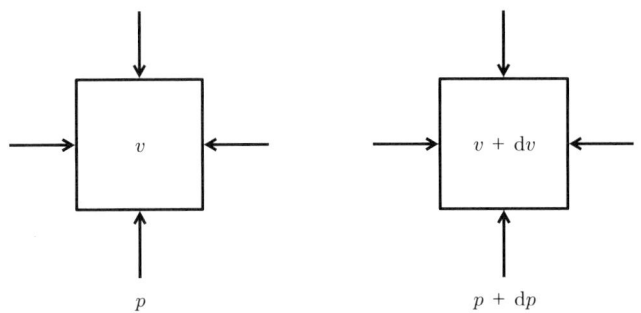

図 1.1.1 圧縮を受ける物体の変化の様子

表 1.1.1 代表的な物体の圧縮率（1 大気圧，20℃）

物 体	等温圧縮率 [1/Pa]
空 気	0.987×10^{-5}
水	4.5×10^{-10}
軟 鉄	5.9×10^{-12}

$$\beta = -\frac{1}{v}\left(\frac{\mathrm{d}v}{\mathrm{d}p}\right) \tag{1.1.6}$$

ここで，$v = 1/\rho$ より，式 (1.1.6) は

$$\beta = -\rho\frac{\mathrm{d}}{\mathrm{d}p}\left(\frac{1}{\rho}\right) = -\rho\left(-\frac{1}{\rho^2}\right)\frac{\mathrm{d}\rho}{\mathrm{d}p} = \frac{1}{\rho}\frac{\mathrm{d}\rho}{\mathrm{d}p} \tag{1.1.7}$$

よって，

$$\mathrm{d}\rho = \beta\rho\mathrm{d}p \tag{1.1.8}$$

と表される．上式は圧力が $\mathrm{d}p$ だけ増加すると $\beta\rho\mathrm{d}p$ だけの密度増加 $\mathrm{d}\rho$ が生じることを示している．なお，$1/\beta$ は**体積弾性率**とよばれる．表 1.1.1 は代表的な物体の圧縮率の値である．空気などの気体の圧縮率は液体と比べて大きい．また，固体の圧縮率はほとんど無視できるくらい小さい．

ところで，大気中で両端が開いた断面積一定の管を用意して，一方の端からピストンを入れゆっくりと押すともう一方の端から空気が押し出されてくる．この場合，ピストンの前面の圧力はわずかに高いだけで空気の密度変化は生

じていない．しかしながら，このピストンを非常に速く押すともう一方の端からは大きな圧力変化を伴う波が発生する．新幹線のトンネルで観察されるトンネル微気圧波はその一例である．このような空気中の波の伝搬や水中の音波の伝播（速さ約 1,500 m/s）や固体である鉄のレールの音波の伝搬（5,000 m/s）はこれらの物体の圧縮性を仮定しないと説明することができない．したがって，圧縮性の仮定は考える物理現象で決まるということができる．

いま，対象としている流れ場において圧縮性を仮定する必要があるか否かの判断をするにはどうしたらよいだろう．流れ場の密度を ρ，速度を u とすると，流れの動圧による圧力上昇 dp は，

$$dp \sim \frac{1}{2}\rho u^2 \tag{1.1.9}$$

また，等エントロピー流（第3章参照）の場合

$$p = c\rho^\gamma \quad \text{または} \quad \rho = \left(\frac{p}{c}\right)^{\frac{1}{\gamma}} \tag{1.1.10}$$

が成り立つから（c は定数，γ は比熱比）

$$\frac{d\rho}{dp} = \frac{1}{\gamma}\left(\frac{p}{c}\right)^{\frac{1}{\gamma}-1}\frac{1}{c} = \frac{\rho}{\gamma p} \tag{1.1.11}$$

となり，この関係を用いると

$$\beta = \frac{1}{\rho}\frac{d\rho}{dp} = \frac{1}{\rho}\frac{\rho}{\gamma p} = \frac{1}{\gamma p} \tag{1.1.12}$$

となり，最終的に次式を得る．

$$\frac{d\rho}{\rho} = \beta dp \sim \frac{1}{\gamma p}\frac{1}{2}\rho u^2 = \frac{1}{2}\frac{u^2}{\frac{\gamma p}{\rho}} = \frac{1}{2}\frac{u^2}{a^2} = \frac{1}{2}M^2 \tag{1.1.13}$$

この式は，密度変化は流速を音速で割った値であるマッハ数 $M(= u/a)$ の2乗に比例することを示しており，マッハ数が空気の圧縮性の度合いを示す力学的パラメーターであることがわかる．

流体のもつ運動エネルギーと内部エネルギーの比の考察でも，マッハ数が重要な力学的パラメーターであることを示すことができる．単位質量当たりの流体のもつ内部エネルギー ϵ と運動エネルギーの比は

$$\frac{u^2/2}{\epsilon} = \frac{u^2}{2c_v T} = \frac{(\gamma-1)u^2}{2RT} = \frac{\gamma(\gamma-1)u^2}{2a^2} = \frac{\gamma(\gamma-1)}{2}M^2 \sim M^2 \quad (1.1.14)$$

となる．ここで，流体は熱量的完全気体であることを仮定した（第3章参照）．c_v は定積比熱，R はガス定数を表す．音速と比べて流速が小さな低速の流れ場では，式 (1.1.14) より流体の内部エネルギーは運動エネルギーを卓越する．一方，大気圏に突入する場合の流れ場ではマッハ数の2乗は大変大きな値となり，式 (1.1.14) は運動エネルギーが卓越することを示している．本書では，流体のもつ内部エネルギーと運動エネルギーが同程度の大きさである場合を取り扱うことにする．

それではマッハ数を用いたときの非圧縮性流れと圧縮性流れの境目はどのあたりと考えられているのであろうか．一般に，マッハ数が0.3以下であれば空気の圧縮性を仮定する必要はなく，マッハ数がそれ以上であれば空気の圧縮性を考慮する必要があるといわれている．なお，空気の音速はその場所の温度で変化するのでマッハ数の評価にあたっては，考えている場所での流速をその場所での温度から求めた音速 $a = \sqrt{\gamma RT}$ で割ってマッハ数 $M(=u/a)$ を求めることを忘れてはならない．これを**局所マッハ数**という．

圧縮性流れ場の特徴として忘れてはならないのが衝撃波の発生である．衝撃波は圧縮波が非線形効果で集積した波である．衝撃波面の厚さは分子の平均自由行路長の数倍程度であり，標準大気圧下では 10^{-7} m のオーダーである．衝撃波の発生の様子については 1.4 節で調べる．

1.2 音の伝搬

管に満たされた静止流体中をピストンが瞬間的に速度 du で右に動き出すことを考える．非圧縮性流体を仮定した場合は，図 1.2.1(a) に示されるように，ピストン前面の管内の流体がすべて同一の速度 du で動き出す．一方，圧縮性流体を仮定した場合は，ピストンに隣接した流体が圧縮され，密度が増加し，順次隣の流体を圧縮していく．このようにしてピストンの運動によって生じた擾乱の波面は，図 1.2.1(b) に示されるように有限の速度 a で流体中を伝播する．

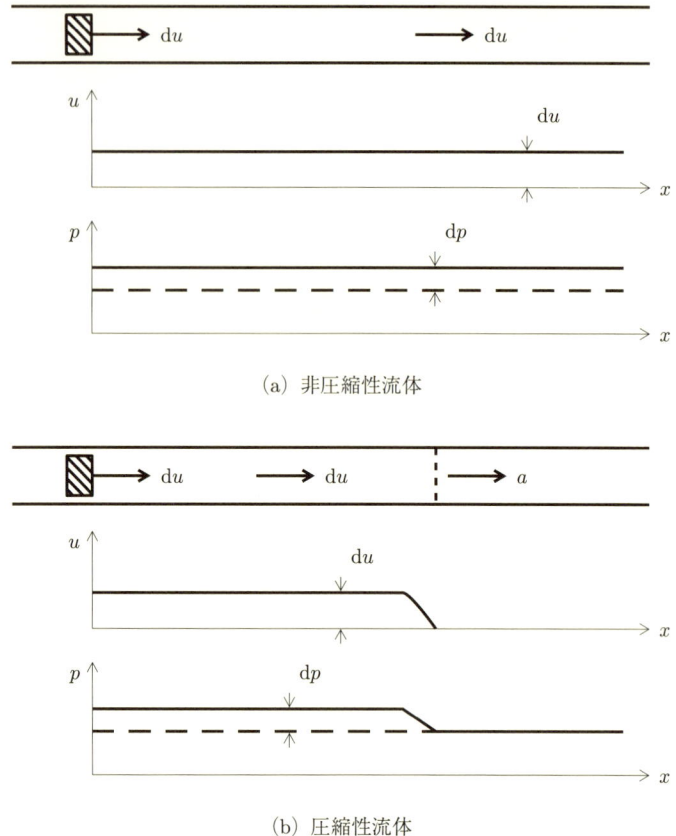

(a) 非圧縮性流体

(b) 圧縮性流体

図 1.2.1　ピストンが du で動いたときの速度と圧力の管内分布

　もし，du が十分小さいとき，圧力変動も小さく，流体粒子の受ける変化は非常に小さいので速度勾配，温度勾配は小さく，この擾乱の伝播の過程は可逆過程とみなしてよい．さらに，外界からの熱の授受がない場合，等エントロピー過程とみなせる（第 3 章参照）．

　いま，微小な速度増分 du によって生じた圧力増分 dp を有する擾乱の波が右へ速度 a で伝播する様子を図 1.2.2 に示す．ここで，外界と熱の授受はないとする（等エントロピー過程）．この擾乱の波面に乗った座標系で考えると図 1.2.3(a) のようになる．図 1.2.3(a) の流れの向きを変えても現象は変わらない

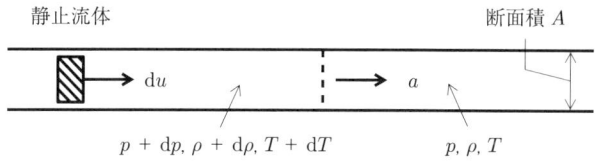

図 **1.2.2** 微小擾乱が速度 a で伝播する様子

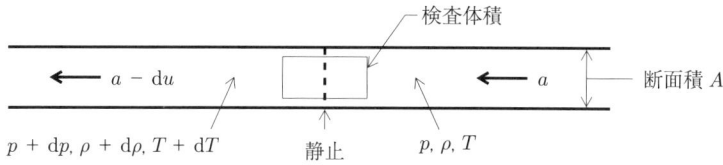

(a) 図 1.2.2 のガリレイ変換にあたる擾乱流れ

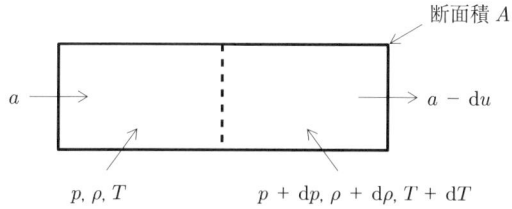

(b) 静止波面に対して左から右に通過する擾乱流れ

図 **1.2.3** 擾乱波面とともに移動する座標系での記述

ため，図 1.2.3(b) のように書き換える．

ここで波の前後を囲む**検査体積**（コントロールボリューム，control volume）を考える．検査体積に対する質量保存則は，断面積 A が一定の管内流れ場であることを考慮すると（第 2 章，第 8 章参照），

$$\rho a A = (\rho + d\rho)(a - du)A \tag{1.2.1}$$

であり，式 (1.2.1) で 2 次の微小量を無視すると

$$a d\rho = \rho du \tag{1.2.2}$$

となる．また，この検査体積について運動量保存則を用いると，

$$(\rho + \mathrm{d}\rho)(a - \mathrm{d}u)A(a - \mathrm{d}u) - \rho a A a = pA - (p + \mathrm{d}p)A \qquad (1.2.3)$$

であり，高次の微小量を無視して整理すると

$$-2a\rho\mathrm{d}u + a^2\mathrm{d}\rho = -\mathrm{d}p \qquad (1.2.4)$$

となる．式 (1.2.2) を代入して $\mathrm{d}u$ を消去すると，

$$\mathrm{d}p = a^2 \mathrm{d}\rho \quad \text{あるいは} \quad \frac{\mathrm{d}p}{\mathrm{d}\rho} = a^2 \qquad (1.2.5)$$

であり，ここで，等エントロピー流れを仮定して式 (1.1.11) を代入すると，

$$a = \sqrt{\frac{\gamma p}{\rho}} \qquad (1.2.6)$$

を得る．さらに完全気体の状態方程式 $p = \rho RT$ を用いると（T は温度を表す），

$$a = \sqrt{\gamma RT} = \sqrt{\gamma \frac{\mathfrak{R}\mathrm{u}}{M} T} \qquad (1.2.7)$$

と表すことができる．ただし，$\mathfrak{R}\mathrm{u}$ は一般ガス定数，M は気体の分子量を表す（マッハ数と同じ記号であるが混乱を生じない限りこのとおりとする）．また，これまでの式中に現れた微分では等エントロピー過程を仮定しているので，式 (1.2.5) は厳密には

$$a^2 = \left(\frac{\partial p}{\partial \rho}\right)_s \quad \text{または} \quad a = \sqrt{\left(\frac{\partial p}{\partial \rho}\right)_s} \qquad (1.2.8)$$

であり，ここで，式 (1.2.7) より，$T \to$ 大のとき，あるいは $M \to$ 小のとき，$a \to$ 大となることに注意する（気体の音速は温度が高いほど，分子量が小さいほど大きい）．

1.3 マッハ角，依存領域，影響領域

微小擾乱の波である音波は周囲に球面状に音速 a で伝わる．もし，流体が音源に対して相対的に速度 u で流れているとき，音波は流れに相対的に音速 a

ですべての方向に伝わる．よって主流方向について考えると，音波は上流側へは $a-u$，下流側へは $a+u$ の速さで伝播することになる．この様子は，主流速度 u を変化させて図示すると図 1.3.1 のようになる．

　主流が静止している場合には，擾乱源から出た音波は同心円状に広がる（図 1.3.1(a)）．主流が音速以下の場合（**亜音速**（subsonic）という）を考える．いま，Δt 時間に主流に乗って擾乱源が移動する距離は $u\Delta t$ で表されるので，図中に Δt 時間後，$2\Delta t$ 時間後，$3\Delta t$ 時間後の状態を表すことにする．音波は擾乱源に相対的に音速 a ですべての方向に伝わるので，Δt 時間後の音波は，擾乱源の初期位置から下流側に $u\Delta t$ の場所から同心円状に半径 a の距離まで広がっている．同様に，$2\Delta t$ 時間後の音波は，擾乱源の初期位置から下流側に $2u\Delta t$ の場所から同心円状に半径 $2a\Delta t$ の距離まで広がり，$3\Delta t$ 時間後の音波は，擾乱源の初期位置から下流側に $3u\Delta t$ の場所から同心円状に半径 $3a\Delta t$ の距離まで広がっている（図 1.3.1(b)）．その結果，図に示すように音波の波面の間隔は上流側では密になり，下流側では疎になっているが，音波はすべての空間に広がっている．

　主流が音速と等しい場合（**音速状態**（sonic condition）という）を考える．この場合，主流方向について考えると，音波は，上流側へは $a-a=0$，下流側へは $a+a=2a$ の速さで伝播することになるので，音波は音源よりも前に伝わることができない（図 1.3.1(c)）．主流が音速よりも速い場合（**超音速**（supersonic）という）を考える．主流の速さが音速よりも速いので，音波の伝わる範囲は音源を頂点とする円錐内に限られる（図 1.3.1(d)）．これを，**マッハコーン**（(Mach cone) **マッハ円錐**ともいう）という．ここで，$3\Delta t$ 時間後の音波は，擾乱源の初期位置から下流側に $3u\Delta t$ の場所（点 P）から同心円状に半径 $3a$ の距離まで広がっているので，擾乱源の初期位置である点 O と点 P を中心に広がった半径 $3a$ の音波の面に接するような直線との交点 A からなる △POA が形成できる．このときの角度 POA を μ で表すと次式が成り立つ．

$$\sin\mu = \frac{a}{u} = \frac{1}{M} \quad \text{または} \quad \mu = \sin^{-1}\frac{1}{M} \tag{1.3.1}$$

ここで，M は局所マッハ数であり，その場所の流速をその場所の音速で割っ

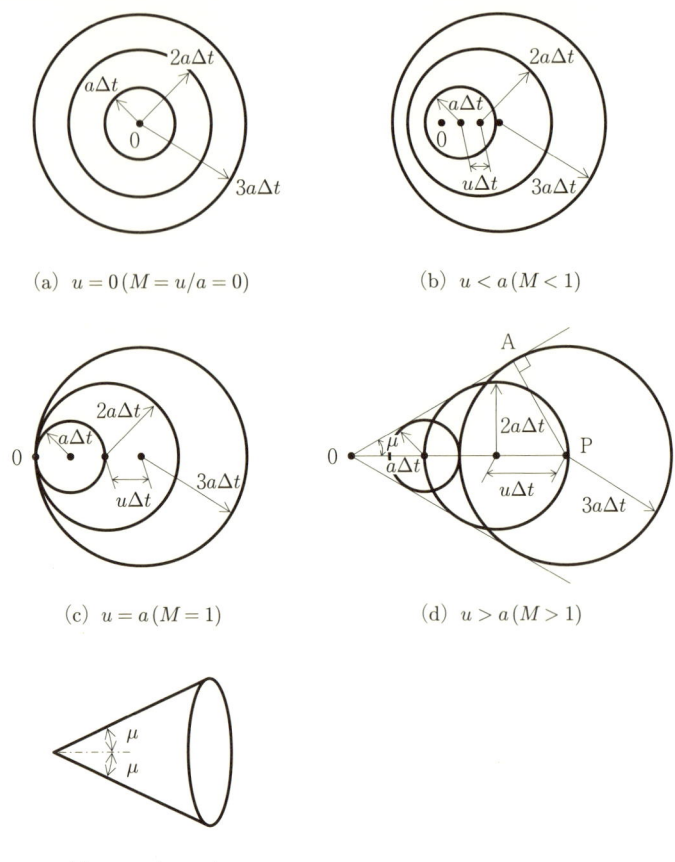

図 1.3.1 主流の速さ u に依存した音速 a の音波の伝搬の様子；それぞれの場合に，実際の流れ場において音波の伝わる範囲

たものである．図 1.3.1(d) は 2 次元的に表しているが，実際の流れ場では音波は 3 次元的に伝播する．図 1.3.1(e) はそれを図示したものである．擾乱源の初期位置 O から発生した音波はこのマッハコーン内の空間内にしか伝わらない．

図 1.3.2 のように，超音速気流中の点 P から発生する擾乱を考える．点 P から発生する擾乱はすべて点 P を頂点とするマッハコーンの中に限られる．この点 P から下流側に形成されるマッハコーンの内側の領域は，点 P の影響

1.4 衝撃波の発生メカニズム 11

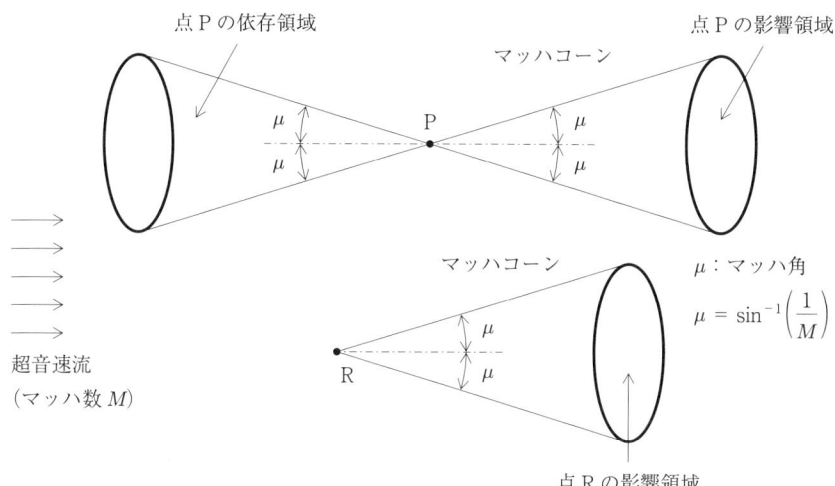

図 **1.3.2** 超音速気流中の点 P の影響領域と依存領域. 点 R は点 P より上流側に位置するが点 P に影響を与えないことがわかる

が及ぶ領域と考えることができる. この領域を, 点 P の**影響領域**（region of influence）とよぶ.

一方, 点 P からマッハコーンを包む外側の線を上流側に伸ばしてみる. これは点 P を頂点とする上流側に広がった円錐形をしている. このとき, 点 P の状態は, この円錐形の領域の内部のすべての点に依存しているので, この領域を点 P の**依存領域**（domain of dependence）とよぶ. 言い方を換えれば, 点 P の依存領域とは, 点 P の状態を決める際に, その状態が依存している領域のことである. 点 P から少し離れたやや上流側に点 R を考える. 点 R の影響領域内に点 P はないので, 点 P の状態は点 R の状態の影響を受けない.

1.4 衝撃波の発生メカニズム

1.2 節ではピストンによって生じた微小圧力変動を考えた. ここでは, ピストンが静止状態から動き出して連続的に加速して一定速度になるまでの状態を考える. その状態は図 1.4.1 のように表すことができる.

ピストンが動き始めたときにピストンによって生じた初めの圧縮波は静止気

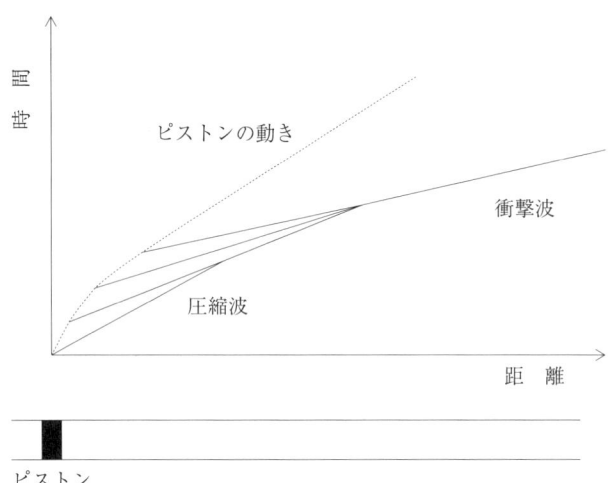

図 1.4.1 ピストンの運動により圧縮波が次々と発生して衝撃波が形成される過程

体(温度 T)中へ音速 $a(T)$ で伝搬し,ピストンの前の気体は,微小な速度でピストンと同じ方向へ動き出す.このピストンは加速を続けるので,ピストンの次の圧縮によって生じた圧縮波は微小な速度で動いている気体をさらに微小ながら圧縮するので,その気体の温度は dT だけ上昇し,$T + dT$ となる.圧縮波は気体中をその場所での音速で相対的に伝播していき,かつその音速は $a(T + dT) > a(T)$ であるため,後から発生した圧縮波は前に出た圧縮波にどこかで追いつく.このようにして後続の圧縮波は次々と前に出た圧縮波に追いつき圧縮波を強め,波面の圧力勾配が増加し,ついには圧力が不連続に増加する波となる.これが衝撃波である.新幹線の車両がトンネルに入ったときに進行方向のトンネル出口から車両よりも先に大きな音(衝撃音)が出ることが知られているがこれも新幹線の先頭部によって空気が次々と圧縮されたことによる現象である.

このことは,図 1.4.2 に示すように,超音速で流れてきた流れがゆっくりとカーブした壁によって曲げられるときに,流れは次々に上向きに押されると考えてもよい.このとき,ゆっくりとカーブした壁によって流れは少しずつ圧縮を受けるので圧縮波が発生し,それによって少し圧力が増し,温度も増し,し

1.4 衝撃波の発生メカニズム   13

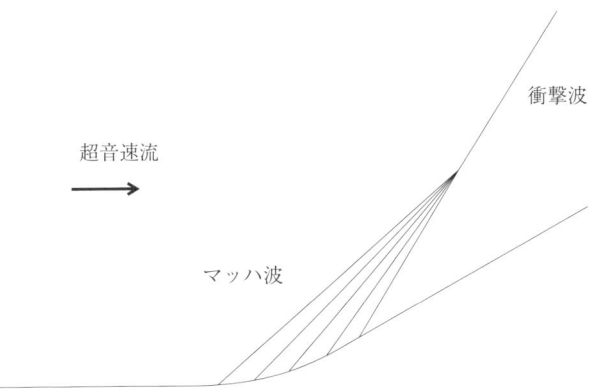

図 1.4.2 なだらかにカーブする壁面で発生する衝撃波の形成過程

図 1.4.3 なだらかにカーブする壁面で発生する圧縮波とそれが重なり合って衝撃波が形成される流れ場（実験：シュリーレン写真）〔Milton Van Dyke (ed.): An Album of Fluid Motion, Parabolic Press, 1982, p.137.〕

たがって音速も増した圧縮波が次々と重なっていって一つの強い衝撃波を形成することと似通っている．このことは実際の流れも観察されており，それが図1.4.3 に示す写真である．凹面に沿って流れが圧縮されていく過程は第7章で記述される．

演習問題

1.1 音速 a は $a = \sqrt{\gamma RT}$ で与えられる．ここで γ, R, T はそれぞれ気体の比熱比，ガス定数，気体の静温度である．なお，$R = \mathfrak{R}\mathrm{u}/M$ であり，$\mathfrak{R}\mathrm{u}$（一般ガス定数）$= 8.3144621 \, \mathrm{J/(mol \cdot K)}$，$M$ は気体の分子量である．15℃ における空気，ヘリウムガス，水素ガスの音速を求めよ．

　　参考：空気の分子量　　　28.966 g/mol
　　　　　ヘリウムの原子量　　4.003 g/mol
　　　　　水素の原子量　　　　1.008 g/mol

1.2 気体の圧縮性を考慮しないと説明できない現象をできるだけ記述せよ．

1.3 超音速で気流が流れており，その中にある点 P に音源が置かれている．この音源の影響領域，依存領域を気流のマッハ数が 2 の場合と 8 の場合についてそれぞれ図示せよ．

1.4 海上の船上にいる観測者の真上を超音速飛行機が高度 18,000 m の高空をマッハ 2 で飛行したとする．この飛行機の発生する音をこの観測者が聞いたときにはこの飛行機は観測者からどれだけ離れているか求めよ．簡単のために気体の温度は高度に関係なく 10℃ と仮定せよ．

1.5 物体の圧縮率 β としたとき，$\mathrm{d}\rho = \beta\rho\mathrm{d}p$ が成り立つ．この関係を使って以下の問題に答えよ．製作した圧力容器が 1 MPa の圧力で破損しないか強度試験を行っているときに，中に入っている流体が漏れて流体の密度が 0.01 % 減少したとする．このとき，圧力の減少量を圧力容器内の流体が空気の場合と水の場合についてそれぞれ求めよ（解説：一般に気体の圧力容器の試験には水を使う場合が多い．これは，もし，圧力容器が試験中に破損した場合，計算でわかったように水を使った試験では急速に圧力が下がりその破損が少なくて済むためにより安全であるからである）．

Column
超音速航空機の開発動向とわが国における飛行試験経験

　航空機の発達は高速化の歴史でもある．"コンコルド"は世界初の超音速旅客機（SST）として1976年に就航したが，経済性と環境問題から商業的には成功しなかった．しかし，年々増加する旅客需要と経済のグローバル化は高速輸送の潜在的需要を示しており，コンコルドの課題克服に大きな期待が寄せられている．NASAを中心としたその後の研究によれば，経済性改善には先進的な空気抵抗低減技術，環境適合性改善には特に超音速機特有のソニックブーム低減技術などの革新技術が開発されつつある．

　日本でも1997年から旧航空宇宙技術研究所（NAL）を中心に「次世代超音速機技術の研究開発（NEXST）」計画が立ち上がり，大型SST（300人規模）を想定して，空気抵抗低減技術の研究がスタートした．超音速の空気抵抗は，摩擦抵抗，揚力依存抵抗，体積依存造波抵抗に大別される．このうち，揚力依存抵抗は主翼形状に支配され，平面形はコンコルドのような三角形型より矢尻型でかつ翼幅を広げたクランクトアロー型の方が同一前縁後退角においてアスペクト比が増加するため有効であることが見出されている．また断面形は前縁を下方に垂れ下がらせ，正のキャンバーをもたせつつ翼幅方向に捩じり下げを設ける形状（ワープ翼）が有効である．これは翼上下面の圧力分布に起因する揚力依存抵抗を変分法により最小化する設計法を適用して設計される．また体積依存造波抵抗は翼胴干渉抵抗がもっとも大きく，その低減には主翼取付部の胴体をくびれさせ，機軸方向の機体全体の断面積分布をなめらかにし，かつ最適解（Sears-Haack体）に近づけるように胴体断面積分布を修正する方法（エリアルール胴体設計法）が有効であることが理論的に導かれている．

　NEXST計画では，以上の設計技術に加え，コンコルドでは顧みられなかった摩擦抵抗の低減も試みられ，大後退翼の平面形では世界初となる主翼

図1 小型超音速実験機（NEXST-1）

形状の工夫のみにより境界層遷移点を後退させる自然層流翼設計技術が開発された．この要は，①大後退翼で支配的となる3次元境界層の横流れ不安定を抑制するのに適した理想的な上面圧力分布形の創出と，②ワープ翼およびエリアルール胴体設計も考慮して，その理想的圧力分布を実現する翼断面を設計可能とするCFDによる逆問題設計法の開発にある．これらの設計技術の効果は，2005年の無人小型超音速実験機（全長11.5 m）を用いた飛行実験において確認された[1,2]（図1, 2）．

その後，NALは宇宙航空研究開発機構（JAXA）に一体化され，2006年より「静粛超音速機技術の研究開発（S3）」計画が立ち上がり，次のステップとして環境適合性に重点化した研究開発が進められている．この中でソニックブーム低減が最重要課題として認識され，その実現性を重視して小型SST（50人規模）が想定されている．ソニックブームとは，機体各部から発生する衝撃波が空間を伝播する過程において，その非線形性（強い衝撃波ほど速く伝播する性質）によって最終的に機体先端および後端の衝撃波に整理・統合され，地上では2つの強い衝撃波による圧力上昇が爆音として聞こえる現象である．これを低減するには，衝撃波の集積を遅らせることが"鍵"であり，そのためには先端で強い衝撃波を発生させ，その後方は弱い衝撃波となるように機体形状を工夫することが有効であるという概念が米国において見出された．しかし，空気抵抗や飛行安定性とのトレー

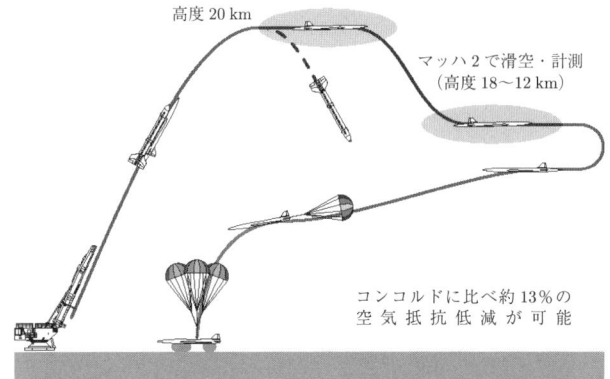

図 2 低抵抗設計技術の飛行実験（2005 年 10 月 10 日豪州ウーメラ実験場で実施）

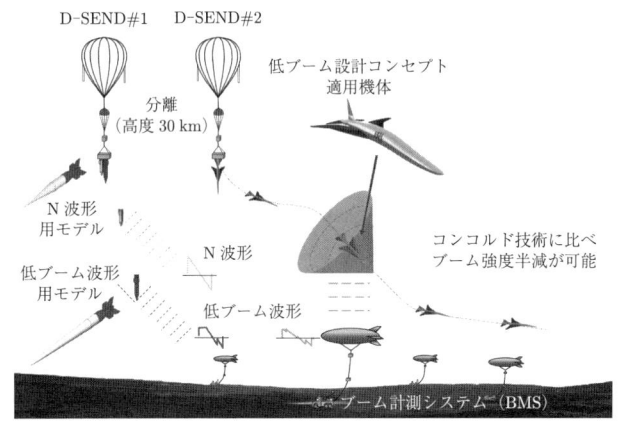

図 3 低ソニックブーム設計概念実証（D-SEND）プロジェクト

ドオフなどの実機適用上の課題も存在し，その克服に向け世界的に研究が活発化している．JAXAではすでに独自の設計概念を創出し（特許取得），その有効性を実験機によって飛行実証するためのD-SENDプロジェクトが進められている（図3）．

このプロジェクトでは，全長 8 m，重量 1 t の無人小型の低ブーム実験機を，気球を用いて高度 30 km まで吊り上げ，そこから落下させて加速し，設計マッハ数（1.3）に達する付近で設計揚力状態となるように機体姿勢を

(a) 軸対称体による低ブーム試験（D-SEND#1 試験供試体）

(b) 低ブーム設計概念の適用機体（D-SEND#2 試験機）

図 4　D-SEND プロジェクトの試験機

変更して滑空させ，設計時の衝撃波パターンを発生させる．それを地上および高度 1 km まで係留気球で釣り上げたマイクロフォンを用いて計測し，設計結果を検証する計画である．すでに予備段階の試験（D-SEND#1）として，2011 年に低ブーム設計概念を適用した軸対称物体（全長 7 m，重量 700 kg）を落下させ，その効果を実証し，データベース化している[3]．平成 27 年 7 月 24 日，低ブーム実験機による飛行実験（D-SEND#2）は成功裏に実施された（図 4）．

近年，欧米で計画中の超音速ビジネスジェット機（SSBJ）の実現を想定して，国際民間航空機関（ICAO）が主導して 2016 年を目途にソニック

ブーム基準を策定しようとする動きがある．JAXA もその技術的な検討の場に参加しており，D-SEND#2 成果の提供は国際貢献に繋がる有意義なものと考えられる．このようにコンコルドの課題を克服する次世代超音速航空機（SST/SSBJ）の実現に向けた研究開発は日米欧で着実に進められており，まず SSBJ への適用からスタートし，その後の小型および大型 SST を見据えた実機開発シナリオが世界的にも共通の認識となっている．

[吉田憲司／宇宙航空研究開発機構]

参考文献

1) 大貫　武他:「小型超音速実験機」豪州飛行実験, 日本航空宇宙学会誌, **633**（2006）, pp.11-15
2) 吉田憲司：小型超音速実験機（ロケット実験機）飛行実験結果, 日本流体力学会誌ながれ, **4**（2006）, pp.321-328
3) 牧野好和：http://www.aero.jaxa.jp/research/d-send/ds-index.html

2

保存則と基礎方程式

本章では空気力学の基礎方程式を保存則から導出する．検査体積に対する積分形の保存則を最初に求め，ガウスの発散定理より微分形の保存則を求める．

2.1 質量保存則

流体中に検査体積 Ω をとる．Ω の表面を $\partial\Omega$ とする．Ω は仮想的な体積であり，流体は $\partial\Omega$ を自由に出入りする．$\partial\Omega$ の外向き単位法線ベクトルを $\vec{n}$ とする．このとき図 2.1.1 より，$\partial\Omega$ の微小面積 $\mathrm{d}S$ を通って単位時間に流出する流体の占める仮想的な体積は $u_n \mathrm{d}S$ であり，この微小体積内部に含まれる流体の質量は $\rho u_n \mathrm{d}S$ で与えられる．ただし，$u_n = \vec{u}\cdot\vec{n} = u n_x + v n_y + w n_z$ は $\partial\Omega$ における流速ベクトル $\vec{u}$ の $\vec{n}$ 方向速度成分を表す．$\rho u_n \mathrm{d}S$ を $\partial\Omega$ で積分すると，単位時間に Ω から流出する正味の質量は

$$\iint_{\partial\Omega} \rho u_n \mathrm{d}S \qquad (2.1.1)$$

となる．

Ω の内部にわき出しや吸い込みはないとする．このとき，Ω に含まれる質量の単位時間当たりの増分は，単位時間に $\partial\Omega$ から流入する正味の質量に等しい．式 (2.1.1) が単位時間に流出する正味の質量を与えることから符号に注意すると，質量保存則は

$$\frac{\partial}{\partial t}\iiint_{\Omega} \rho \mathrm{d}V + \iint_{\partial\Omega} \rho u_n \mathrm{d}S = 0 \qquad (2.1.2)$$

で与えられる．

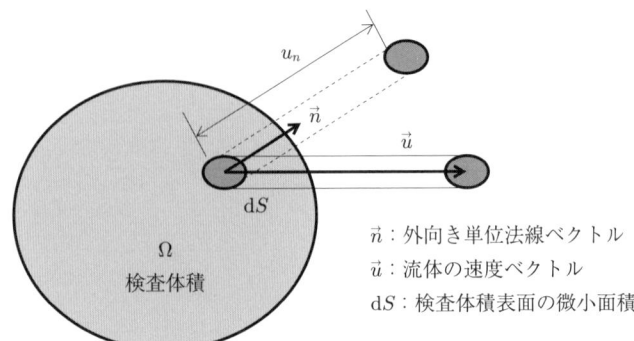

図 **2.1.1** 検査体積と表面から流出する流体の占める仮想的な体積

2.2 運動量保存則

次に運動量保存則を考える．Ω 内部の流体がもつ運動量の単位時間当たりの増分と，単位時間に $\partial\Omega$ から流出する正味の運動量の和（全運動量の単位時間当たりの変化）は，単位時間に Ω に加わる力に等しい．

簡単のために x 成分を考える．単位時間に Ω 内部の流体に働く体積力の x 成分は

$$\iiint_\Omega \rho k_x dV$$

であり，一方，単位時間に $\partial\Omega$ に働く表面力の x 成分は

$$\iint_{\partial\Omega} \tau_{jx} n_j dS$$

で与えられる．k_x は単位質量当たりの流体に作用する体積力の x 成分であり，n_j は $\vec{n}$ の成分を表す．また，τ_{jx} の添字 j は $j=1, 2, 3$ の値をとり，順に x, y, z を表す．図 2.2.1 に示されるように τ_{jx} は j 軸に垂直な面に働く応力の x 成分を表す．式中の重複する添字は**アインシュタインの総和規約**にもとづいて和をとる．例えば $\tau_{jx} n_j = \tau_{1x} n_1 + \tau_{2x} n_2 + \tau_{3x} n_3$ となる．

単位時間に Ω 内部の流体に加わる体積力と表面力の和が，Ω 内部の流体のもつ運動量の単位時間当たりの増分と単位時間に Ω から流出する正味の運動

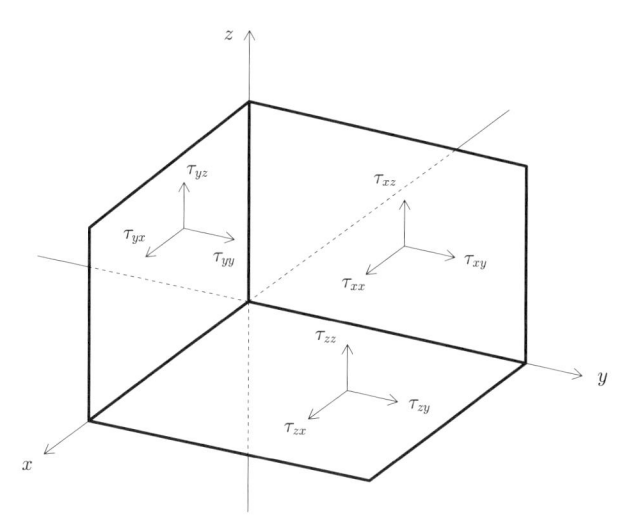

図 **2.2.1** 流体に働く応力成分の記法

量の和に等しいことから，運動量保存則は x 成分について

$$\frac{\partial}{\partial t}\iiint_\Omega \rho u \mathrm{d}V + \iint_{\partial\Omega} \rho u u_n \mathrm{d}S = \iint_{\partial\Omega} \tau_{jx} n_j \mathrm{d}S + \iiint_\Omega \rho k_x \mathrm{d}V \quad (2.2.1)$$

を得る．同様に，y，z 成分は

$$\frac{\partial}{\partial t}\iiint_\Omega \rho v \mathrm{d}V + \iint_{\partial\Omega} \rho v u_n \mathrm{d}S = \iint_{\partial\Omega} \tau_{jy} n_j \mathrm{d}S + \iiint_\Omega \rho k_y \mathrm{d}V \quad (2.2.2)$$

$$\frac{\partial}{\partial t}\iiint_\Omega \rho w \mathrm{d}V + \iint_{\partial\Omega} \rho w u_n \mathrm{d}S = \iint_{\partial\Omega} \tau_{jz} n_j \mathrm{d}S + \iiint_\Omega \rho k_z \mathrm{d}V \quad (2.2.3)$$

で与えられる．

上式の表面応力 τ_{ij} は

$$\tau_{ij} = -p\delta_{ij} + \mu\left(\frac{\partial u_i}{\partial x_j} + \frac{\partial u_j}{\partial x_i} - \frac{2}{3}\frac{\partial u_k}{\partial x_k}\delta_{ij}\right) \quad (2.2.4)$$

で与えられる．上式においても重複する添字 k は $k=1$, 2, 3 の和をとる．δ_{ij} は**クロネッカーのデルタ**であり，μ は**分子粘性**を表す．空気力学では $\mu \to 0$ の極限をとる**非粘性流れ場**を考える場合が多い．これは非粘性圧縮性流体のもつ波動的な性質を議論する理論が多いことや，実際の航空機周りの流れ場で粘

性が無視できない領域は機体表面に発達する薄い境界層内部に限定される場合が多いためである．本書でも非粘性流れ場を議論する立場をとる．したがって，$\partial\Omega$ に働く表面力は圧力の寄与だけとなり

$$\tau_{ij} = -p\delta_{ij}$$

となる．体積力を無視すると式 (2.2.1), (2.2.2), (2.2.3) はそれぞれ

$$\frac{\partial}{\partial t}\iiint_\Omega \rho u \mathrm{d}V + \iint_{\partial\Omega}(\rho u u_n + p n_x)\mathrm{d}S = 0 \tag{2.2.5}$$

$$\frac{\partial}{\partial t}\iiint_\Omega \rho v \mathrm{d}V + \iint_{\partial\Omega}(\rho v u_n + p n_y)\mathrm{d}S = 0 \tag{2.2.6}$$

$$\frac{\partial}{\partial t}\iiint_\Omega \rho w \mathrm{d}V + \iint_{\partial\Omega}(\rho w u_n + p n_z)\mathrm{d}S = 0 \tag{2.2.7}$$

とかける．

2.3 エネルギー保存則

流体のもつエネルギーは内部エネルギーと運動エネルギーからなる．単位質量当たりの内部エネルギーを ϵ で表すと，単位体積当たりの全エネルギーは

$$e = \rho\left(\epsilon + \frac{u^2 + v^2 + w^2}{2}\right) \tag{2.3.1}$$

で与えられる．Ω 内部の流体がもつ全エネルギーの単位時間当たりの増分と，$\partial\Omega$ の微小面積 $\mathrm{d}S$ を通って単位時間に流出する流体が運び去る正味の全エネルギーは，表面力や体積力が単位時間に Ω 内部の流体に加える仕事と釣り合う．このときエネルギー保存則は

$$\begin{aligned}&\frac{\partial}{\partial t}\iiint_\Omega e\mathrm{d}V + \iint_{\partial\Omega} e u_n \mathrm{d}S \\ &= \iint_{\partial\Omega}\tau_{ji}u_i n_j\mathrm{d}S + \iiint_\Omega \rho k_j u_j \mathrm{d}V - \iint_{\partial\Omega}Q_j n_j\mathrm{d}S\end{aligned}$$

で与えられる．右辺の第3項は $\partial\Omega$ を通って流入する熱エネルギーを表す．運動量保存則で $\mu\to 0$ の極限を考えた．エネルギー保存則においては $\mu\to 0$ に加えて熱伝導係数 $\to 0$ の極限を考える．外力が無視できる場合，上式は

$$\frac{\partial}{\partial t}\iiint_\Omega e\mathrm{d}V + \iint_{\partial\Omega}(e+p)u_n\mathrm{d}S = 0 \tag{2.3.2}$$

となる.

2.4 積分形の保存則と微分形の保存則

2.1 節から 2.3 節で求めた積分形の保存則は，第 9 章で紹介する有限体積法のような数値計算手法に適用する際にたいへん見通しの良い形式である．また，衝撃波が発生して流れ場中に物理量の不連続が生じる場合でも，単に積分領域を分割するだけで取り扱うことができる．本書では衝撃波の関係式やノズル流れの関係式を積分形の保存則より導出するが，本節では一般的な偏微分方程式で表される保存則も導出しておこう．変数がすべて十分に滑らかであることを仮定して，ガウスの発散定理を適用して表面積分を体積積分に変換する．

積分形の質量保存則である式 (2.1.2) の表面積分を発散定理を用いて体積積分に書き直す．

$$\iint_{\partial\Omega}\rho u_n\mathrm{d}S = \iint_{\partial\Omega}(\rho u n_x + \rho v n_y + \rho w n_z)\mathrm{d}S$$
$$= \iiint_\Omega (\frac{\partial\rho u}{\partial x} + \frac{\partial\rho v}{\partial y} + \frac{\partial\rho w}{\partial z})\mathrm{d}V$$

また，Ω が時間的に静止していて変形しない場合は，体積積分の時間微分と積分を入れ替えることができる．これより

$$\iiint_\Omega \left(\frac{\partial\rho}{\partial t} + \frac{\partial\rho u}{\partial x} + \frac{\partial\rho v}{\partial y} + \frac{\partial\rho w}{\partial z}\right)\mathrm{d}V = 0 \tag{2.4.1}$$

Ω は任意にとることができるので，上式の被積分関数は空間の各点で 0 でなければならない．これより

$$\frac{\partial\rho}{\partial t} + \frac{\partial\rho u}{\partial x} + \frac{\partial\rho v}{\partial y} + \frac{\partial\rho w}{\partial z} = 0 \tag{2.4.2}$$

を得る．

次に非粘性流体の運動量保存則を考える．式 (2.2.5) の表面積分は発散定理より

$$\iint_{\partial\Omega} (\rho u u_n + p n_x)\mathrm{d}S = \iiint_\Omega \left\{ \frac{\partial}{\partial x}(\rho u^2 + p) + \frac{\partial}{\partial y}(\rho uv) + \frac{\partial}{\partial z}(\rho uw) \right\} \mathrm{d}V$$

となり，これより式 (2.2.5) は

$$\iiint_\Omega \left\{ \frac{\partial \rho u}{\partial t} + \frac{\partial}{\partial x}(\rho u^2 + p) + \frac{\partial}{\partial y}(\rho uv) + \frac{\partial}{\partial z}(\rho uw) \right\} \mathrm{d}V = 0 \qquad (2.4.3)$$

とかくことができる．したがって，

$$\frac{\partial \rho u}{\partial t} + \frac{\partial}{\partial x}(\rho u^2 + p) + \frac{\partial}{\partial y}(\rho uv) + \frac{\partial}{\partial z}(\rho uw) = 0 \qquad (2.4.4)$$

を得る．y 成分と z 成分は同様に

$$\frac{\partial \rho v}{\partial t} + \frac{\partial}{\partial x}(\rho uv) + \frac{\partial}{\partial y}(\rho v^2 + p) + \frac{\partial}{\partial z}(\rho vw) = 0 \qquad (2.4.5)$$

$$\frac{\partial \rho w}{\partial t} + \frac{\partial}{\partial x}(\rho uw) + \frac{\partial}{\partial y}(\rho vw) + \frac{\partial}{\partial z}(\rho w^2 + p) = 0 \qquad (2.4.6)$$

となる．

最後にエネルギー保存則の微分形を与えておく．これまでの式変形にならうと，式 (2.3.2) は

$$\iiint_\Omega \left\{ \frac{\partial e}{\partial t} + \frac{\partial}{\partial x}(e+p)u + \frac{\partial}{\partial y}(e+p)v + \frac{\partial}{\partial z}(e+p)w \right\} \mathrm{d}V = 0 \qquad (2.4.7)$$

となる．これより

$$\frac{\partial e}{\partial t} + \frac{\partial}{\partial x}(e+p)u + \frac{\partial}{\partial y}(e+p)v + \frac{\partial}{\partial z}(e+p)w = 0 \qquad (2.4.8)$$

を得る．

式 (2.4.2) の質量保存則から非圧縮性流体に対する連続の式を求めておこう．式 (2.4.2) の変数の積の微分を分解して整理すると

$$\frac{\partial \rho}{\partial t} + u\frac{\partial \rho}{\partial x} + v\frac{\partial \rho}{\partial y} + w\frac{\partial \rho}{\partial z} + \rho\left(\frac{\partial u}{\partial x} + \frac{\partial v}{\partial y} + \frac{\partial w}{\partial z}\right) = \frac{\mathrm{D}\rho}{\mathrm{D}t} + \rho\mathrm{div}(\vec{u}) = 0 \qquad (2.4.9)$$

とかける．ここで $\mathrm{D}\rho/\mathrm{D}t$ は式 (1.1.4) で与えられる実質微分を表し，流体とともに動く観測者から見たときの密度の時間微分を与える．非圧縮性流体では $\mathrm{D}\rho/\mathrm{D}t = 0$ を満たすことから，

$$\mathrm{div}(\vec{u}) = \frac{\partial u}{\partial x} + \frac{\partial v}{\partial y} + \frac{\partial w}{\partial z} = 0 \tag{2.4.10}$$

より連続の式を得る．

2.5 微小領域に対する保存則

2.1節では，検査体積 Ω に対する保存則を考えた．検査体積の大きさに制約はないが，例えば質量保存則では検査体積表面 $\partial\Omega$ を通る正味の質量を求めるときや検査体積内の質量を求める際には，表面積分や体積積分を行う必要があった．一方，検査体積のとり方は自由なので最初から非常に小さな検査体積領域をとり，積分を回避するという考え方もある．以下では質量保存則を例としてそのような考え方を調べておく．

図 2.5.1 に示す微小な六面体（直方体）の検査体積を流れ場中にとる．2.1節と同様に検査体積は移動したり変形しないと仮定する．

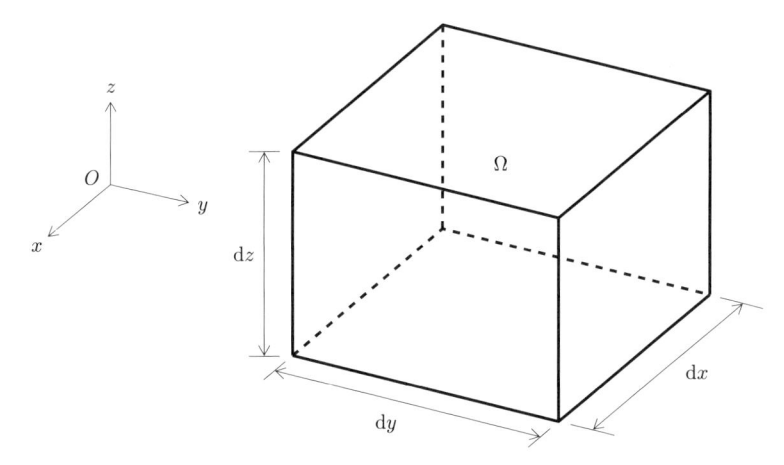

図 **2.5.1** 微小な六面体の検査体積

ある時刻 t における検査体積中の全質量は $\rho \mathrm{d}x\mathrm{d}y\mathrm{d}z$ で与えられる．このとき，時刻 $t+\mathrm{d}t$ における検査体積中の全質量は $\left(\rho + \dfrac{\partial \rho}{\partial t}\mathrm{d}t\right)\mathrm{d}x\mathrm{d}y\mathrm{d}z$ で与えられるであろう．これより検査体積中の質量は $\mathrm{d}t$ 間に

$$\frac{\partial \rho}{\partial t}\mathrm{d}t\mathrm{d}x\mathrm{d}y\mathrm{d}z \tag{2.5.1}$$

だけ増加したことになる．この増分は検査体積表面を通して流出した正味の質量とバランスする．最初に x 座標が x と $x+\mathrm{d}x$ に x 軸に垂直な 2 面を考える．x 面から $\mathrm{d}t$ 間に流出する質量は u の符号を考えると $-\rho u \mathrm{d}t\mathrm{d}y\mathrm{d}z$，$x+\mathrm{d}x$ の面から流出する質量は $\left(\rho u + \frac{\partial \rho u}{\partial x}\mathrm{d}x\right)\mathrm{d}t\mathrm{d}y\mathrm{d}z$ となる．したがって，$\mathrm{d}t$ 間に 2 面を通して流出した正味の質量は，和をとると

$$\frac{\partial \rho u}{\partial x}\mathrm{d}t\mathrm{d}x\mathrm{d}y\mathrm{d}z$$

である．y 軸に垂直な 2 面，z 軸に垂直な 2 面についても同様に求めると，$\mathrm{d}t$ 間に検査体積表面から流出する正味の質量として

$$\left(\frac{\partial \rho u}{\partial x} + \frac{\partial \rho v}{\partial y} + \frac{\partial \rho w}{\partial z}\right)\mathrm{d}t\mathrm{d}x\mathrm{d}y\mathrm{d}z \tag{2.5.2}$$

を得る．式 (2.5.1) が質量の増分，式 (2.5.2) が質量の減少分を表すことから両者の和が 0 とならなければならない．これより

$$\left(\frac{\partial \rho}{\partial t} + \frac{\partial \rho u}{\partial x} + \frac{\partial \rho v}{\partial y} + \frac{\partial \rho w}{\partial z}\right)\mathrm{d}t\mathrm{d}x\mathrm{d}y\mathrm{d}z = 0$$

となる．上式は任意の微小時間 $\mathrm{d}t$，微小体積 $\mathrm{d}x\mathrm{d}y\mathrm{d}z$ で成立することから

$$\frac{\partial \rho}{\partial t} + \frac{\partial \rho u}{\partial x} + \frac{\partial \rho v}{\partial y} + \frac{\partial \rho w}{\partial z} = 0 \tag{2.5.3}$$

を得る．式 (2.5.3) は質量保存則であり，式 (2.4.2) と一致する．微小六面体の検査体積を用いた導出では上記のように積分がない．その一方，2 面間の流出質量の正味の値はテイラー展開を用いて求められており，基本的に流れ場の物理量は微分可能であることが求められている．

運動量保存則およびエネルギー保存則も上記の質量保存則の場合と同様に微小六面体で求めることができるが，本節では省略する．

2.6　保存則のベクトル表記

最後に，非粘性流体の質量保存則，運動量保存則とエネルギー保存則をまと

めてベクトル形式に表現しておこう．Q を保存変数，E, F, G を流束関数とおくと保存則は

$$\frac{\partial Q}{\partial t} + \frac{\partial E}{\partial x} + \frac{\partial F}{\partial y} + \frac{\partial G}{\partial z} = 0 \tag{2.6.1}$$

ただし，

$$Q = \begin{pmatrix} \rho \\ \rho u \\ \rho v \\ \rho w \\ e \end{pmatrix} \tag{2.6.2}$$

$$E = \begin{pmatrix} \rho u \\ \rho u^2 + p \\ \rho uv \\ \rho uw \\ (e+p)u \end{pmatrix}, \quad F = \begin{pmatrix} \rho v \\ \rho uv \\ \rho v^2 + p \\ \rho vw \\ (e+p)v \end{pmatrix}, \quad G = \begin{pmatrix} \rho w \\ \rho uw \\ \rho vw \\ \rho w^2 + p \\ (e+p)w \end{pmatrix} \tag{2.6.3}$$

であり，第 1 成分が質量保存則，第 2 から第 4 成分が運動量保存則の各成分，第 5 成分がエネルギー保存則を与える．

式 (2.6.1) の従属変数は Q の各成分に圧力 p を加えた計 6 個である．一方，式 (2.6.1) は 5 本の独立した方程式を与えるだけであり，このままでは解けない．この方程式系を閉じるために気体の状態方程式を導入する．詳しくは後述するが状態方程式は

$$p = p(Q) \tag{2.6.4}$$

の関係式を与える．

演習問題

2.1 外力として重力場 $\vec{k} = (0, 0, -g)$ を考慮した 3 次元非粘性流体の z 方向運

動方程式は，式 (2.4.6) より以下のように与えられる．

$$\frac{\partial \rho w}{\partial t} + \frac{\partial}{\partial x}(\rho uw) + \frac{\partial}{\partial y}(\rho vw) + \frac{\partial}{\partial z}(\rho w^2 + p) + \rho g = 0 \qquad (2\text{P}.1)$$

以下の問いに答えよ．
(1) 流れ場が静止しているとき，圧力の z 微分 $\dfrac{\partial p}{\partial z}$ を求めよ．
(2) 静止流体中に検査体積 Ω をとる．検査体積の表面 $\partial\Omega$ に働く正味の z 方向の力 F_z（浮力）は

$$F_z = -\iint_{\partial\Omega} p n_z \,\mathrm{d}S \qquad (2\text{P}.2)$$

で与えられる．**アルキメデスの原理**（水中の物体はその物体が押しのけた水の重量だけ軽くなる）を示せ．ただし，非圧縮性流体を仮定して $\rho = $ 一定とせよ．

2.2 式 (2.4.9) より 1 次元流れ場の非保存形の質量保存則

$$\frac{\partial \rho}{\partial t} + u\frac{\partial \rho}{\partial x} + \rho\frac{\partial u}{\partial x} = 0 \qquad (2\text{P}.3)$$

を導出せよ．

2.3 1 次元流れ場の非保存形の運動量保存則

$$\frac{\partial u}{\partial t} + u\frac{\partial u}{\partial x} + \frac{1}{\rho}\frac{\partial p}{\partial x} = 0 \qquad (2\text{P}.4)$$

を導出せよ．

2.4 1 次元流れ場の非保存形のエネルギー保存則

$$\frac{\partial p}{\partial t} + u\frac{\partial p}{\partial x} + \gamma p\frac{\partial u}{\partial x} = 0 \qquad (2\text{P}.5)$$

を導出せよ．

2.5 式 (2P.3), (2P.4), (2P.5) より，原始変数 $V = (\rho, u, p)^t$ に対する方程式は

$$\frac{\partial V}{\partial t} + A\frac{\partial V}{\partial x} = 0 \qquad (2\text{P}.6)$$

とかくことができる．このとき，式 (2P.6) の 3×3 行列 A を求めよ．また，A の固有値を u と a で表せ．ただし a は音速であり，式 (1.2.6) で与えられる．

3

熱力学関係式と等エントロピー流れ

本章では最初に圧縮性流体力学に必要な熱力学関係式を導出し，次に等エントロピー流れの関係式を導出する．等エントロピー流れの関係式は非圧縮性流体のベルヌーイの定理に代わる大変重要な関係式である．

3.1 理想気体の状態方程式

本書では空気を**理想気体**と考えることにする．理想気体の要件は分子間衝突が完全弾性衝突であり，分子の体積と分子間力が無視できることである．標準状態の空気は平均分子間距離が分子直径の 10 倍程度あり，理想気体の条件を満たす．

空気の密度 ρ，圧力 p と温度 T の関係は理想気体の状態方程式

$$p = \rho R T \tag{3.1.1}$$

で与えられる．R はガス定数であり，**一般ガス定数** $\mathfrak{R}u$ と気体の分子量 M を用いて $R = \mathfrak{R}u/M$ で与えられる．一般ガス定数は $\mathfrak{R}u = 8.3144621$ J/(mol·K)，空気の分子量は $M = 0.028966$ kg/mol であるから $R = 287.0$ J/(kg·K) となる．これを用いると，例えば $T = 288.150$ K，$p = 1.01325 \times 10^5$ Pa のとき，式 (3.1.1) より $\rho = 1.225$ kg/m^3 となる．

3.2 完全気体と理想気体

完全気体（perfect gas）と理想気体（ideal gas）はほぼ同一の概念であり本書では区別をつけない．熱的完全気体と熱量的完全気体の 2 つの条件を満た

す気体を**完全気体**とよぶ．**熱的完全気体**とは定圧比熱（c_p）と定積比熱（c_v）の間にマイヤーの関係式

$$c_p - c_v = R \tag{3.2.1}$$

が成り立つことである．**熱量的完全気体**とは c_p と c_v や，両者の比である比熱比

$$\gamma \equiv \frac{c_p}{c_v} \tag{3.2.2}$$

が温度に依存せず一定となることである．

　空気は高温になると酸素分子や窒素分子の振動励起が始まる．これらは吸熱反応であるために，同じ熱量を気体に与えたときの温度上昇の割合が減少する．酸素分子の振動励起が始まる 800 K 程度までなら空気を完全気体とみなすことができる．航空機の飛行マッハ数が 3 を超えるようになると機首よどみ点や衝撃層における気流温度が 800 K に近づくので完全気体の仮定は不適切になる．マッハ数 5 を超える極超音速機や大気圏に突入する宇宙機周りの気流を考える場合は高温気体効果の考慮が不可欠になる．

3.3 保存方程式における状態方程式

　最初に気体の単位質量当たりの内部エネルギー ϵ とエンタルピー h を定義しておく．標準状態の空気に対する単位質量当たりの**内部エネルギー** ϵ は，気体分子の並進自由度と回転自由度がもつエネルギーにあたり

$$\epsilon = \epsilon(T) = \int c_v \mathrm{d}T \tag{3.3.1}$$

と表される．熱量的に完全な気体では定積比熱が定数になるので

$$\epsilon = c_v T \tag{3.3.2}$$

となる．ただし，$T = 0\,\mathrm{K}$ のとき $\epsilon = 0$ とする．一方，**エンタルピー** h は

$$h = \epsilon + pv = \epsilon + \frac{p}{\rho} \tag{3.3.3}$$

で与えられる．v は比体積で単位質量の気体が占める体積を表す．エンタルピー h は

$$h = h(T) = \int c_p \mathrm{d}T \tag{3.3.4}$$

とかける．熱量的に完全な場合は

$$h = c_p T \tag{3.3.5}$$

となる．式 (3.2.1) と式 (3.2.2) を用いると，定積比熱と定圧比熱は

$$c_v = \frac{1}{\gamma - 1} R, \quad c_p = \frac{\gamma}{\gamma - 1} R \tag{3.3.6}$$

と表される．

ここで保存方程式の変数を用いた状態方程式の表現（式 (2.6.4)）を調べておく．式 (3.3.2) より

$$T = \frac{\epsilon}{c_v}$$

である．理想気体の状態方程式に代入すると式 (3.1.1) は

$$p = \rho R T = \frac{R}{c_v} \rho \epsilon$$

式 (3.3.6) を用いてガス定数を消去すると

$$p = (\gamma - 1) \rho \epsilon \tag{3.3.7}$$

となる．式 (2.3.1) を用いて内部エネルギーを消去すると

$$p = (\gamma - 1) \left\{ e - \frac{(\rho u)^2 + (\rho v)^2 + (\rho w)^2}{2\rho} \right\} = p(Q) \tag{3.3.8}$$

を得る．

3.4 熱力学の第 1 法則

単位質量の気体を含む静止した系に外界から熱と仕事を与えると系のもつ内部エネルギーが増加する．**熱力学の第 1 法則**はこの関係を

$$d\epsilon = \delta q + \delta w \tag{3.4.1}$$

で表す．内部エネルギーが状態量であることから内部エネルギーの微小変化 $d\epsilon$ は最終状態と初期状態の差分で与えられる．しかし，系に与える熱と仕事はそれらの与え方（過程）が関与して最終状態と初期状態の差だけでは決められないために，ここではそれぞれ δq, δw とかいた．

系をある状態 A から異なる状態 B に移すやり方は無数に存在する．その中で，断熱過程（adiabatic process），可逆過程（reversible process）と等エントロピー過程（isentropic process）が重要である．**断熱過程**では周囲から系に出入りする熱はない．**可逆過程**は準静的過程であり系の内部で流体の運動や熱の移動を生じない．**等エントロピー過程**は可逆過程かつ断熱過程である．可逆過程では $\delta w = -pdv$ が成立する．このとき熱力学第 1 法則は $d\epsilon = \delta q - pdv$ で与えられる．

3.5 熱力学の第 2 法則とエントロピー

熱力学の第 1 法則 $d\epsilon = \delta q + \delta w$ はエネルギー保存の式であり，熱力学過程の進行方向は与えない．例えば，温度の異なる 2 つの系を接触させたときに，系全体の熱エネルギーの総和は不変であるが，高温の系から低温の系に熱エネルギーが移るのか，あるいはその逆なのかは熱力学の第 1 法則からは与えられない．熱力学の第 2 法則によると，断熱系の非可逆な熱力学過程は常に系のエントロピーを増大させる方向に進行する．系全体のエントロピーを計算すると，高温の系から低温の系に熱エネルギーが移る場合に増大する．

エントロピー s は状態量である．エントロピーの微小変化 ds は

$$ds = \frac{\delta q_{\mathrm{rev}}}{T} \tag{3.5.1}$$

で定義される．ds は系のエントロピー増分，T は系の温度であり，δq_{rev} は可逆過程を経て系に加えられた熱量を表す．これより可逆過程のエントロピー変化は

$$\Delta s = s_2 - s_1 = \int_1^2 \frac{\delta q_{\rm rev}}{T} \tag{3.5.2}$$

となる．

系が初期の状態に戻る一連の過程を**サイクル**とよぶ．クラジウス（Clasius）の定理は可逆あるいは非可逆の任意のサイクルに対して

$$\oint \frac{\delta q}{T} \leq 0 \tag{3.5.3}$$

の成立を主張する．等号は可逆サイクルの場合に成立する．すなわち

$$\oint \frac{\delta q_{\rm rev}}{T} = 0 \tag{3.5.4}$$

となる．クラジウスの定理を用いて，エントロピー s が状態量であることを調べておこう．図 3.5.1 に示される可逆サイクルを考える．式 (3.5.4) より

$$\oint \frac{\delta q_{\rm rev}}{T} = \int_{\rm A \to B} \frac{\delta q_{\rm rev}}{T} + \int_{\rm B \to A} \frac{\delta q_{\rm rev}}{T} = 0 \tag{3.5.5}$$

が成り立つ．このとき

$$\Delta s = s_{\rm B} - s_{\rm A} = \int_{\rm A \to B} \frac{\delta q_{\rm rev}}{T} = -\int_{\rm B \to A} \frac{\delta q_{\rm rev}}{T} \tag{3.5.6}$$

いま，状態 A から状態 B にいたる経路を固定すると

$$\int_{\rm B \to A} \frac{\delta q_{\rm rev}}{T} = -\int_{\rm A \to B} \frac{\delta q_{\rm rev}}{T} = -(s_{\rm B} - s_{\rm A}) = {\rm const.} \tag{3.5.7}$$

を得るが，状態 B から状態 A にいたる経路を任意の可逆な経路に置き換えて

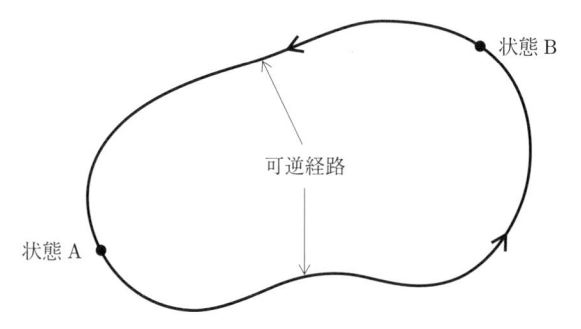

図 3.5.1 可逆サイクルの概念図

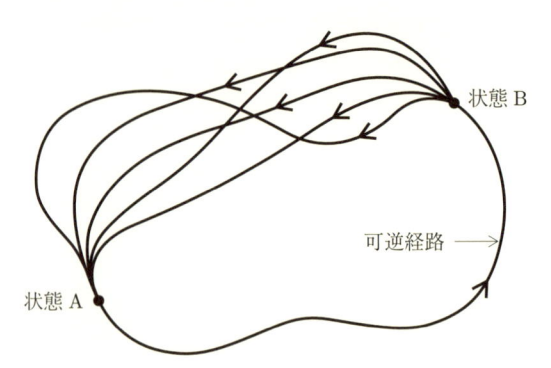

図 3.5.2 状態 B から状態 A にいたる可逆経路群

も上式が成立することから（図 3.5.2），

$$\int_{B \to A} \frac{\delta q_{\text{rev}}}{T}$$

は s_A と s_B だけに依存することになる．このように経路に依存しないことからエントロピー s は状態量であることがわかる．

次に非可逆過程におけるエントロピー変化を考えよう．系が状態 A から状態 B に変化する可逆過程の経路と，同じく状態 A から状態 B に変化する非可逆過程の経路を考える（図 3.5.3）．状態 A から状態 B までは非可逆過程をたどり，状態 B から状態 A には可逆過程を逆転させて戻る熱力学サイクルに対してクラジウスの定理を適用すると，

$$\oint \frac{\delta q}{T} = \int_{A \to B} \frac{\delta q_{\text{irrev}}}{T} + \int_{B \to A} \frac{\delta q_{\text{rev}}}{T} \leq 0 \qquad (3.5.8)$$

が成り立つ．ここで式 (3.5.2) を用いると

$$\Delta s = s_B - s_A = \int_{A \to B} \mathrm{d}s = \int_{A \to B} \frac{\delta q_{\text{rev}}}{T} = -\int_{B \to A} \frac{\delta q_{\text{rev}}}{T} \qquad (3.5.9)$$

となる．式 (3.5.8) に代入すると

$$\int_{A \to B} \frac{\delta q_{\text{irrev}}}{T} \leq -\int_{B \to A} \frac{\delta q_{\text{rev}}}{T} = \int_{A \to B} \frac{\delta q_{\text{rev}}}{T} = \int_{A \to B} \mathrm{d}s \qquad (3.5.10)$$

を得る．最左辺と最右辺を比較すると

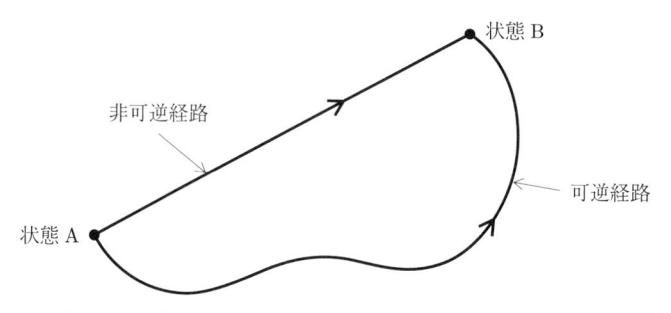

図 3.5.3 状態 A から状態 B にいたる可逆過程と非可逆過程

$$\mathrm{d}s \geq \frac{\delta q_{\mathrm{irrev}}}{T} \tag{3.5.11}$$

である．さらに断熱過程では $\delta q = 0$ より $\mathrm{d}s \geq 0$ を得る．等号は可逆過程のときに成立する．これより孤立系（断熱系）のエントロピーは減少しないことがわかる（**熱力学の第 2 法則**）．なお，可逆かつ断熱過程では $\mathrm{d}s = 0$ となりエントロピーは変化しない．

3.6 エントロピーを用いた熱力学第 1 法則の表現

熱力学の第 1 法則は式 (3.4.1) で与えられる．可逆過程を仮定すると $\delta w = -p\mathrm{d}v$ が成り立つ．また式 (3.5.1) より $\delta q_{\mathrm{rev}} = T\mathrm{d}s$ が成立する．可逆過程に対するこれらの式を式 (3.4.1) に代入すると

$$\mathrm{d}\epsilon = T\mathrm{d}s - p\mathrm{d}v \tag{3.6.1}$$

を得る．式 (3.6.1) の各項はすべて経路に依存しない全微分で与えられていることから非可逆過程に対しても成立することになる．可逆過程を仮定して導出した式が非可逆過程に対しても成立するのは奇異な感じがするが，非可逆過程の初期状態と最終状態を結ぶ仮想的な可逆過程が常に存在すると考えればよい．

3.7 エントロピー変化の計算

式 (3.6.1) より

$$T\mathrm{d}s = \mathrm{d}\epsilon + p\mathrm{d}v$$

である．ここで内部エネルギーに関する微分関係式

$$\mathrm{d}\epsilon = c_v \mathrm{d}T$$

を用いて内部エネルギー ϵ を消去すると

$$\mathrm{d}s = c_v \frac{\mathrm{d}T}{T} + \frac{p}{T}\mathrm{d}v = c_v \frac{\mathrm{d}T}{T} + R\frac{\mathrm{d}v}{v}$$

を得る．上式を状態 1 から状態 2 まで積分すると

$$s_2 - s_1 = c_v \ln\left(\frac{T_2}{T_1}\right) + R \ln\left(\frac{v_2}{v_1}\right) = c_v \ln\left(\frac{T_2}{T_1}\right) - R \ln\left(\frac{\rho_2}{\rho_1}\right) \quad (3.7.1)$$

となる．同様にエンタルピーに関する微分関係式

$$\mathrm{d}h = \mathrm{d}(\epsilon + pv) = \mathrm{d}\epsilon + p\mathrm{d}v + v\mathrm{d}p = c_p \mathrm{d}T$$

を用いて内部エネルギー ϵ を消去すると

$$\mathrm{d}s = c_p \frac{\mathrm{d}T}{T} - \frac{v}{T}\mathrm{d}p = c_p \frac{\mathrm{d}T}{T} - R\frac{\mathrm{d}p}{p} \quad (3.7.2)$$

を得る．上式を状態 1 から状態 2 まで積分すると

$$s_2 - s_1 = c_p \ln\left(\frac{T_2}{T_1}\right) - R \ln\left(\frac{p_2}{p_1}\right) \quad (3.7.3)$$

となる．状態 1 から状態 2 に変化する過程が等エントロピー過程の場合，式 (3.7.1) と式 (3.7.3) より

$$\ln\left(\frac{\rho_2}{\rho_1}\right) = \frac{c_v}{R} \ln\left(\frac{T_2}{T_1}\right), \quad \ln\left(\frac{p_2}{p_1}\right) = \frac{c_p}{R} \ln\left(\frac{T_2}{T_1}\right) \quad (3.7.4)$$

が成り立つ．式 (3.3.6) を用いて両式より T を消去すると，等エントロピー過程では

$$\frac{p_1}{\rho_1^\gamma} = \frac{p_2}{\rho_2^\gamma}, \quad \text{あるいは} \quad \frac{p}{\rho^\gamma} = \text{const}. \tag{3.7.5}$$

となる．ここで式 (3.7.5) を用いて音速を表現すると

$$a^2 = \left(\frac{\partial p}{\partial \rho}\right)_s = \frac{\partial}{\partial \rho}\left(\frac{p}{\rho^\gamma}\right)\rho^\gamma = \gamma\left(\frac{p}{\rho^\gamma}\right)\rho^{\gamma-1} = \frac{\gamma p}{\rho} \tag{3.7.6}$$

となる．

3.8 流れの全エンタルピー

式 (3.7.5) は等エントロピー過程の圧力と密度の関係式を与えるが，流速が含まれていないために等エントロピー流れに適用できない．欠けている関係を補うために流れの全エンタルピーに着目する．

単位質量当たりの**全エンタルピー**はエンタルピーに運動エネルギーを加えた

$$H = h + \frac{u^2 + v^2 + w^2}{2} \tag{3.8.1}$$

で与えられる．全エンタルピーは**よどみ点エンタルピー**ともよばれる．よどみ点では流速が 0 であることから，エンタルピーは全エンタルピーと一致して，よどみ点温度（全温）を用いると $H_0 = c_p T_0$ となる．添字の 0 はよどみ状態であることを表す．

式 (3.8.1) より

$$H = \epsilon + \frac{p}{\rho} + \frac{u^2 + v^2 + w^2}{2} = \frac{e + p}{\rho} \tag{3.8.2}$$

を得る．非粘性流れのエネルギー保存則 (2.4.8) に代入すると

$$\frac{\mathrm{D}H}{\mathrm{D}t} = \frac{1}{\rho}\frac{\partial p}{\partial t} \tag{3.8.3}$$

となる．したがって，定常，非粘性かつ非熱伝導性（断熱）流れ場では流線に沿って全エンタルピー H は一定である．これより，気体の熱エネルギーがすべて運動エネルギーに変換された流速の最大値が存在して

$$u_{\max} = \sqrt{2H} = \sqrt{2c_p T_0} = \sqrt{\frac{2}{\gamma - 1}} a_0 \tag{3.8.4}$$

で与えられる．これを**限界速度**とよぶ．実際には気体の温度が下がるので凝縮が生じ，上式の速度に達することはない．

ここで全エンタルピー H が流線上で一定となることを用いて，等エントロピー流れの関係式を導出する．式 (3.3.7) を用いて式 (3.8.2) の ϵ を消去し，さらに式 (3.7.6) を用いると

$$H = \frac{a^2}{\gamma - 1}\left(1 + \frac{\gamma - 1}{2}M^2\right) \tag{3.8.5}$$

となる．上式の M はマッハ数で

$$M = \frac{\sqrt{u^2 + v^2 + w^2}}{a} \tag{3.8.6}$$

で与えられる．式 (3.8.5) より図 3.8.1 に示された 1 つの流線上の点 1 と点 2 に対して

$$\frac{p_1}{\rho_1}\left(1 + \frac{\gamma - 1}{2}M_1^2\right) = \frac{p_2}{\rho_2}\left(1 + \frac{\gamma - 1}{2}M_2^2\right) \tag{3.8.7}$$

となる．

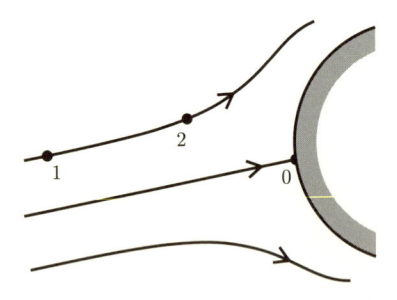

図 3.8.1 同一流線上の点 1，点 2 とよどみ点（点 0）

3.9　等エントロピー流れの関係式

式 (3.7.5) と式 (3.8.7) を用いて等エントロピー流れの関係式を導出する．両式より密度比を消去すると

3.9 等エントロピー流れの関係式

$$\frac{p_2}{p_1} = \left(\frac{1 + \frac{\gamma-1}{2}M_1^2}{1 + \frac{\gamma-1}{2}M_2^2}\right)^{\frac{\gamma}{\gamma-1}} \tag{3.9.1}$$

となる．圧力比を消去すると

$$\frac{\rho_2}{\rho_1} = \left(\frac{1 + \frac{\gamma-1}{2}M_1^2}{1 + \frac{\gamma-1}{2}M_2^2}\right)^{\frac{1}{\gamma-1}} \tag{3.9.2}$$

を得る．このとき温度比は

$$\frac{T_2}{T_1} = \frac{1 + \frac{\gamma-1}{2}M_1^2}{1 + \frac{\gamma-1}{2}M_2^2} \tag{3.9.3}$$

である．式 (3.9.1) から式 (3.9.3) を用いると，等エントロピー流れ場の同一流線上の 2 点における圧力比，密度比および温度比をそれらの点におけるマッハ数で表現できる．

　上流側が一様状態の場合は流線上の全エンタルピーが同一となるので，等エントロピー流れの関係式は流線に関係なく適用することができる．そのような場合，図 3.8.1 の点 2 の代わりによどみ点（点 0）をとり，さらに添字 1 を省いた

$$\frac{p_0}{p} = \left(1 + \frac{\gamma-1}{2}M^2\right)^{\frac{\gamma}{\gamma-1}} \tag{3.9.4}$$

$$\frac{\rho_0}{\rho} = \left(1 + \frac{\gamma-1}{2}M^2\right)^{\frac{1}{\gamma-1}} \tag{3.9.5}$$

$$\frac{T_0}{T} = 1 + \frac{\gamma-1}{2}M^2 \tag{3.9.6}$$

は便利な式である．図 3.9.1 にそれぞれの変化のプロットを示す．式 (3.9.4) より，気流の全圧と静圧を計測すると気流のマッハ数が決定できる．これは非圧縮性非粘性流れに対してベルヌーイの定理を用いると流れの全圧と静圧から流速を求めることに対応する．実際，風洞の気流マッハ数は全圧と静圧の計測

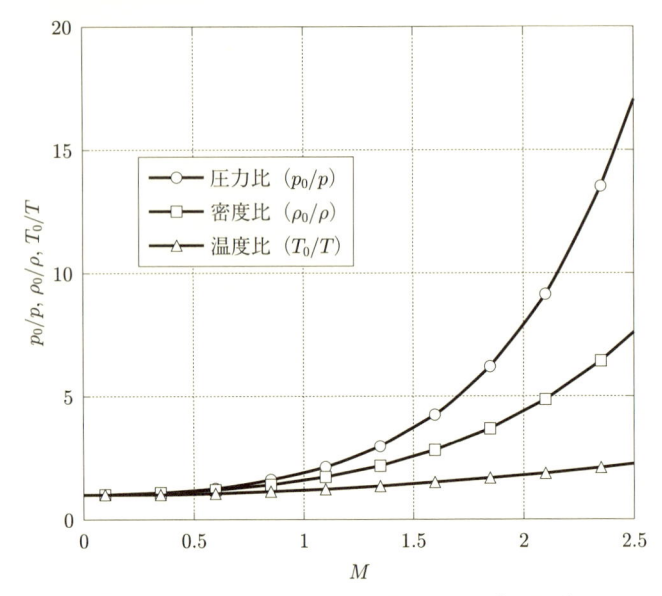

図 **3.9.1** よどみ状態との比（等エントロピー変化）

値から式 (3.9.4) を用いて算出される．

等エントロピー過程は断熱であることを要求する．気流中での発熱は粘性が支配的な境界層の中や，後述する衝撃波で生じる．そのような場所をのぞくと概ね等エントロピー流れの関係式が適用可能である．

3.10 圧縮性流れ場の圧力係数

圧縮性流れに対する圧力係数 c_p は，式 (3.7.6) を用いると

$$c_p = \frac{p - p_\infty}{\frac{1}{2}\rho_\infty U_\infty^2} = \frac{2}{\gamma M_\infty^2}\left(\frac{p}{p_\infty} - 1\right) \qquad (3.10.1)$$

と表すことができる．ここで添字 ∞ は一様流状態を表す．この式を用いてよどみ点における圧力係数 c_{p0} を求めてみよう．式 (3.9.4) を代入すると

$$c_{p0} = \frac{2}{\gamma M_\infty^2}\left(\frac{p_0}{p_\infty} - 1\right) = \frac{2}{\gamma M_\infty^2}\left\{\left(1 + \frac{\gamma-1}{2}M_\infty^2\right)^{\frac{\gamma}{\gamma-1}} - 1\right\} \quad (3.10.2)$$

となる．例えば，$M_\infty = 0.8$，$\gamma = 1.4$ のとき，$c_{p0} = 1.170$ となり 1 を超える．非圧縮性流体の場合はベルヌーイの定理を用いると

$$c_p = \frac{p - p_\infty}{\frac{1}{2}\rho_\infty U_\infty^2} = 1 - \frac{U^2}{U_\infty^2} \leq 1$$

を得る．これよりよどみ点で最大値 1 となる．このようによどみ点における圧力係数が 1 を超えるのは密度変化を許す圧縮性の効果である．

3.11 クロッコの定理

等エントロピー流れと渦度の関係を記述するクロッコ（**Crocco**）の定理を述べておく．式 (2.4.4) から式 (2.4.6) の運動量保存則を質量保存則を用いて非保存形式で表すと

$$\frac{\partial \vec{u}}{\partial t} + (\vec{u}\cdot\nabla)\vec{u} + \frac{1}{\rho}\nabla p = 0$$

となる．証明は付さないが上式は

$$\frac{\partial \vec{u}}{\partial t} + \frac{1}{2}\nabla(\vec{u}\cdot\vec{u}) - \vec{u}\times\mathrm{rot}\,\vec{u} + \frac{1}{\rho}\nabla p = 0 \quad (3.11.1)$$

とかくことができる．ここで式 (3.7.2) より

$$T\mathrm{d}s = c_p\mathrm{d}T - RT\frac{\mathrm{d}p}{p} = \mathrm{d}h - \frac{\mathrm{d}p}{\rho}$$

となる．これより

$$T\nabla s = \nabla\left(\epsilon + \frac{p}{\rho}\right) - \frac{\nabla p}{\rho}$$

を得る．式 (3.11.1) に代入すると

$$\frac{\partial \vec{u}}{\partial t} + \nabla H - \vec{u}\times\mathrm{rot}\,\vec{u} = T\nabla s \quad (3.11.2)$$

となる．定常な流れ場では全エンタルピーが一定になる．このとき

$$-\vec{u} \times \text{rot}\,\vec{u} = T\nabla s \tag{3.11.3}$$

が成り立つ．式 (3.11.3) より，渦なし流れ場 ($\text{rot}\,\vec{u} = 0$) であれば，$\nabla s = 0$ よりエントロピーは一様な流れ場となる．一方，等エントロピー流であれば $\text{rot}\,\vec{u} = 0$ あるいは $\vec{u} \times \text{rot}\,\vec{u} = 0$ を得る．後者は $\vec{u}$ と渦度ベクトル $\text{rot}\,\vec{u}$ が平行な場合である．ただし，2次元流れ場の場合は速度ベクトルと渦度ベクトルは直交することから，$\nabla s = 0$ なら $\text{rot}\,\vec{u} = 0$ が成り立つ．

演習問題

3.1 式 (3.8.3) を導出せよ．

3.2 式 (3.8.5) を導出せよ．

3.3 式 (3.9.1) を導出せよ．

3.4 噴出し式風洞の貯気槽（タンク）圧力 p_0 を 5 気圧，貯気槽温度 T_0 を 300 K とする．以下の問いに答えよ．ただし比熱比 γ は 1.4 であり，気流は等エントロピー流れとする．等エントロピー流れの表 1 を用いよ．

表 1 等エントロピー流れの諸量

M	p_0/p	ρ_0/ρ	T_0/T
0.7	1.387	1.263	1.098
1.0	1.893	1.577	1.200

(1) テスト部での気流マッハ数が $M_\infty = 0.7$ のとき，テスト部の気流圧力はいくらになるか．

(2) テスト部での気流マッハ数が $M_\infty = 1.0$ のとき，テスト部の気流温度はいくらになるか．

(3) テスト部の気流マッハ数が $M_\infty = 0.7$ の場合を考える．テスト部に模型を入れたところ局所マッハ数が $M^* = 1.0$ となる音速点が気流中に

現われた．その点における圧力係数 C_p^* を求めよ．ただし圧力係数は式 (3.10.1) より

$$C_p^* = \frac{2}{\gamma M_\infty^2}\left(\frac{p_*}{p_\infty} - 1\right) \tag{3P.1}$$

で与えられる．

3.5 大気圏に $M_\infty = 24$ で突入した宇宙カプセルの前方よどみ点における温度はいくらになるか．ただし，気流温度（静温）は $T_\infty = 200\,\text{K}$ とし，気流がよどみ状態となる過程は等エントロピー過程と仮定せよ（実際には第 4 章に述べる衝撃波が気流中に生じ，さらに衝撃波背後でさまざまな化学反応が生じるためによどみ点温度は下がる）．

3.6 等エントロピー流れ場では

$$\frac{\nabla p}{\rho} = \nabla\left(\frac{a^2}{\gamma - 1}\right)$$

が成立することを示せ．また定常等エントロピー流れ場では，ベルヌーイの定理と式 (3.8.3) から得られた流線に沿って全エンタルピーが一定になることは同義であることを示せ（ヒント：式 (3.11.1) を用いよ）．

4

垂直衝撃波

4.1 種々の衝撃波

　航空機が超音速で飛行すると衝撃波（shock wave）が発生する．大気圏に突入するスペースプレーンや再突入カプセルにおいてもその前方に衝撃波が発生する．前者の場合は飛行方向，すなわち流れの方向に対して傾斜した**斜め衝撃波**（oblique shock wave）が，後者の鈍頭部前方では流れに直角な方向の**垂直衝撃波**（normal shock wave）が発生する．衝撃波については，このように流れの方向に対する形成角度から表現されるもののほかに，図 4.1.1 に示すような物体（擾乱の発生源）との位置関係によって表現した**離脱衝撃波**（detached shock wave）と**付着衝撃波**（attached shock wave）がある．さらに形成される衝撃波の形状に応じてついた**弓型衝撃波**（bow shock wave），**樽型衝撃波**（barrel shock wave），**ダイヤモンドショック**（shock diamond, Mach diamond），**マッハディスク**（Mach disk）といったものがある．

　衝撃波の発生は飛行体の超音速飛行時だけでなく，瞬間的な体積の増加を伴うさまざまな爆発現象，雷，ムチの先端部，高速飛翔体の固体への衝突，1 点への高エネルギー集中，エンジン燃焼室でのノッキング現象などいろいろな場面に現れる．また，研究・開発のために衝撃波管やこれを応用した衝撃風洞など人工的に生成したりする．ここでは流れに対して直角に形成される垂直衝撃波を取り上げる．そこで流れは定常 1 次元流を扱う．

　垂直衝撃波の前後における速度や圧力，密度といった力学的諸量や状態量の比は，気体が熱量的および熱的完全気体であれば，飛行マッハ数（衝撃波からみると衝撃波に前方から流入する気流のマッハ数 M_1）と比熱比 γ を用いて表

50   4 垂直衝撃波

図 4.1.1 種々の衝撃波

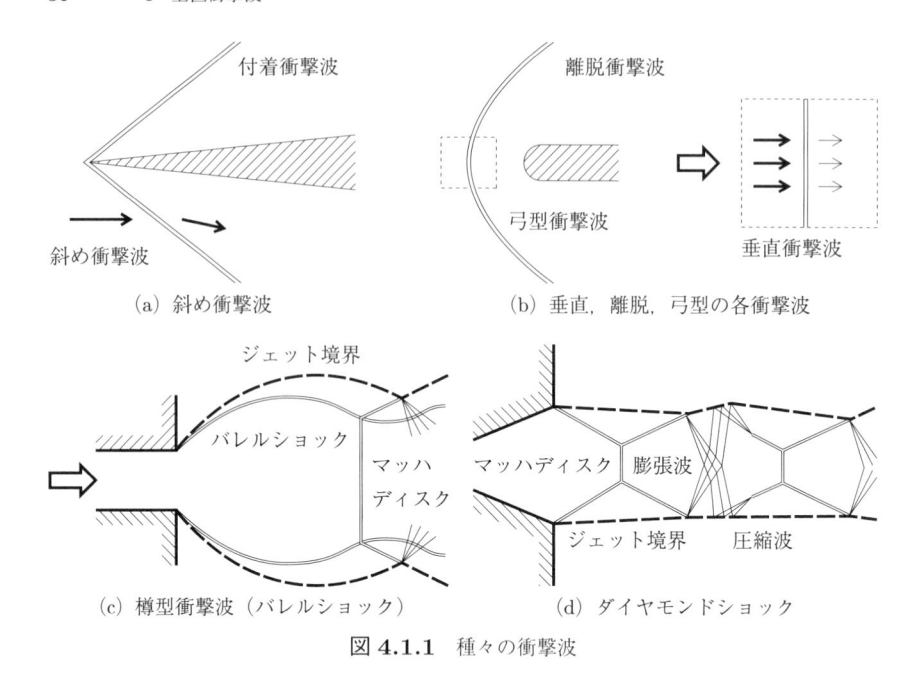

すことができる．すなわちマッハ数と上流（または下流）の速度や密度がわかると，下流（または上流の）のそれがわかることを意味する．したがって，これらの関係式から垂直衝撃波が流れに及ぼす影響がわかる．以下の節では垂直衝撃波の前方（添字 1 で表現）と後方（添字 2）における速度 u や圧力 p，密度 ρ，温度 T などと M_1，γ との関係式を求め，垂直衝撃波の存在が流れに及ぼす作用についてみてみよう．

4.2 垂直衝撃波と保存則

第 1 章で述べたように，衝撃波の波面の厚みは空気分子の平均自由行路長の数倍程度であり，標準大気状態では 10^{-7} m のオーダー程度である．さらに本書では粘性や熱伝導を無視した非粘性流れ場を考えている．このとき衝撃波は厚み 0 の数学的な不連続となる．このような流れ場を偏微分方程式による基礎方程式で取り扱うには解の集合を拡張する必要がある．これを避けるため

4.2 垂直衝撃波と保存則

に，本書では第 2 章で求めた積分形の保存則を衝撃波を含む検査体積に適用して衝撃波関係式を求める．

図 4.2.1 に示すように垂直衝撃波が静止した 2 次元流れ場を考える．流れの方向に x 座標，波面と平行に y 軸をとる．気流は衝撃波面の左側から右側に流れる．このとき左側を衝撃波面の上流側，右側を下流側とよぶことにする．次に衝撃波面を囲む検査体積 Ω をとる．検査体積の左辺と右辺は y 軸と平行に，上辺と下辺は x 軸と平行である．このとき各辺の外向き単位法線ベクトルは同図に示したようになる．

衝撃波の上流側および下流側はいずれも一様状態であることから，積分形の保存則は容易に積分することができる．最初に質量保存則を考える．定常流れ場の質量保存則は式 (2.1.2) より次式となる．

$$\int_{\partial \Omega} \rho u_n \mathrm{d}l = 0$$

ここで，Ω の上辺と下辺では $u_n = 0$ に注意すると，

$$(\rho_2 u_2 - \rho_1 u_1)l = 0 \qquad (4.2.1)$$

となる．ただし l は検査体積の左辺と右辺の辺の長さを表す．

次に運動量保存則について，式 (2.2.5) から定常流れ場に対する運動量保存

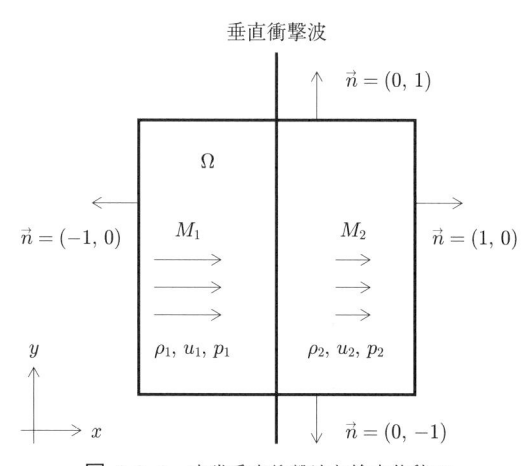

図 4.2.1 定常垂直衝撃波と検査体積 Ω

4 垂直衝撃波

則の x 成分は次式となる.

$$\int_{\partial\Omega} (\rho u u_n + p n_x) \mathrm{d}l = 0$$

Ω の上辺と下辺では $n_x = 0$ より,

$$(\rho_2 u_2^2 + p_2 - \rho_1 u_1^2 - p_1)l = 0 \tag{4.2.2}$$

となる.一方,運動量保存則の y 成分は式 (2.2.6) より

$$\int_{\partial\Omega} (\rho v u_n + p n_y) \mathrm{d}l = 0$$

となる.上式を積分とすると $0 = 0$ となり新たな関係式は得られない.

エネルギー保存則について,式 (2.3.2) より定常流れ場に対するエネルギー保存則は次式となる.

$$\int_{\partial\Omega} (e + p) u_n \mathrm{d}l = 0$$

Ω で積分すると,

$$\{(e_2 + p_2)u_2 - (e_1 + p_1)u_1\}l = 0 \tag{4.2.3}$$

を得る.以上より,垂直衝撃波に対して積分形の保存則は

$$\rho_1 u_1 = \rho_2 u_2 \tag{4.2.4}$$

$$\rho_1 u_1^2 + p_1 = \rho_2 u_2^2 + p_2 \tag{4.2.5}$$

$$(e_1 + p_1)u_1 = (e_2 + p_2)u_2 \tag{4.2.6}$$

を与える.式 (3.8.2) を用いて全エンタルピーを式 (4.2.6) に代入すると

$$\rho_1 u_1 H_1 = \rho_2 u_2 H_2 \tag{4.2.7}$$

となり,さらに式 (4.2.4) を用いると次式を得る.

$$H_1 = h_1 + \frac{u_1^2}{2} = H_2 = h_2 + \frac{u_2^2}{2} \tag{4.2.8}$$

これより衝撃波を含む流れ場においても定常流れ場であれば全エンタルピーは保存され，よどみ点温度も衝撃波の上流側と下流側で一致する．

ここで衝撃波を挟んで成り立つ式と式 (2.6.1) で表されたベクトル表記との関係を調べておこう．2次元流れ場に対して y 方向の勾配がないことから

$$\frac{\partial Q}{\partial t} + \frac{\partial E}{\partial x} = 0 \tag{4.2.9}$$

$$Q = \begin{pmatrix} \rho \\ \rho u \\ \rho v \\ e \end{pmatrix}, \quad E = \begin{pmatrix} \rho u \\ \rho u^2 + p \\ \rho uv \\ (e+p)u \end{pmatrix} \tag{4.2.10}$$

が成り立つ．式 (4.2.4) から式 (4.2.6) は式 (4.2.10) の流束関数の第 1, 第 2, 第 4 成分が衝撃波の上流側と下流側で等しいことを表している．また全場で $v = 0$ であるから第 3 成分についても等しい．すなわち，衝撃波面で流束関数は連続で

$$[E(Q)] \equiv E(Q_2) - E(Q_1) = 0 \tag{4.2.11}$$

である．本節の定式化では定常衝撃波を仮定したが，仮に静止系から伝播する衝撃波を観測すると保存則は

$$-s[Q] + [E(Q)] = 0 \tag{4.2.12}$$

とかかれる．ただし s は垂直衝撃波面の伝播速度を表す．

4.3 垂直衝撃波の関係式

前節では保存則より衝撃波面で流束関数が連続となることをみた．流れに垂直な衝撃波であるから，衝撃波面で流入，流出する単位面積当たりの質量，運動量，そしてエネルギーが等しいことを意味している．以下では，式 (4.2.4), (4.2.5), (4.2.8) から得られる関係式を求める．

式 (4.2.8) より次式となる．

$$u_2^2 - u_1^2 = -\frac{2\gamma}{\gamma - 1}\left(\frac{p_2}{\rho_2} - \frac{p_1}{\rho_1}\right) \tag{4.3.1}$$

一方,式 (4.2.5) の両辺を ρ_2 で除し,さらに式 (4.2.4) を用いると,

$$\frac{\rho_2 u_2^2 + p_2}{\rho_2} = u_2^2 + \frac{p_2}{\rho_2} = \frac{\rho_1 u_1^2 + p_1}{\rho_2} = \frac{\rho_2 u_2 u_1 + p_1}{\rho_2} = u_1 u_2 + \frac{p_1}{\rho_2}$$

となる.同様に両辺を ρ_1 で除した式と組み合わせると次式を得る.

$$u_2^2 - u_1^2 = \frac{p_1}{\rho_1} - \frac{p_2}{\rho_2} + \frac{p_1}{\rho_2} - \frac{p_2}{\rho_1} \tag{4.3.2}$$

式 (4.3.1),(4.3.2) より

$$\frac{p_2}{\rho_2} - \frac{p_1}{\rho_1} + \frac{p_2}{\rho_1} - \frac{p_1}{\rho_2} = \frac{2\gamma}{\gamma - 1}\left(\frac{p_2}{\rho_2} - \frac{p_1}{\rho_1}\right)$$

となり,少々の式変形を施すと次式を得る.

$$\left(\frac{p_2}{p_1} + \frac{\gamma + 1}{\gamma - 1}\right)\left(\frac{\rho_2}{\rho_1} - \frac{\gamma + 1}{\gamma - 1}\right) = -\frac{4\gamma}{(\gamma - 1)^2} \tag{4.3.3}$$

また,式 (4.2.5) より,

$$p_2 - p_1 = \rho_1 u_1^2 - \rho_2 u_2^2 = \rho_1 u_1^2 \left(1 - \frac{\rho_1}{\rho_2}\right)$$

が成り立つ.これより

$$\frac{p_2}{p_1} = 1 + \frac{\rho_1 u_1^2}{p_1}\left(1 - \frac{\rho_1}{\rho_2}\right) = 1 + \gamma M_1^2 \left(1 - \frac{\rho_1}{\rho_2}\right) \tag{4.3.4}$$

となる.

ここで式 (4.3.3) を用いて密度比を圧力比で表すと次式を得る.

$$\frac{\rho_2}{\rho_1} = \frac{\frac{\gamma+1}{\gamma-1}\frac{p_2}{p_1} + 1}{\frac{p_2}{p_1} + \frac{\gamma+1}{\gamma-1}} \tag{4.3.5}$$

これを p_2/p_1 で表すと式 (4.3.6) となる.

$$\frac{p_2}{p_1} = \frac{\frac{\gamma+1}{\gamma-1}\frac{\rho_2}{\rho_1} - 1}{\frac{\gamma+1}{\gamma-1} - \frac{\rho_2}{\rho_1}} \tag{4.3.6}$$

上式に状態方程式を適用し整理すると式 (4.3.7) を得る.

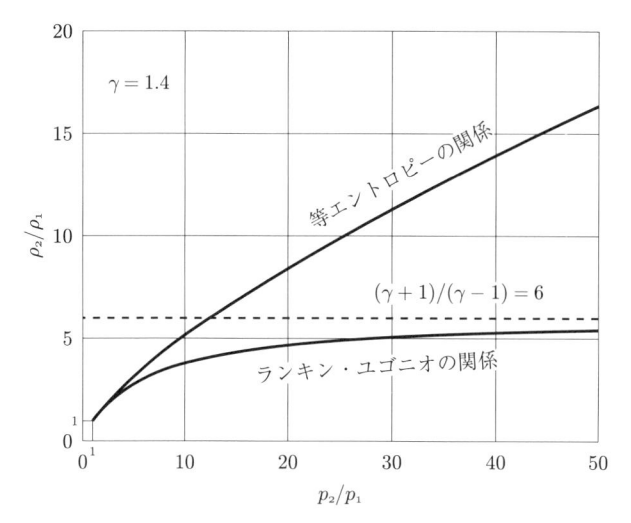

図 4.3.1 ランキン・ユゴニオの関係 ($\rho \sim p$)

$$\frac{T_2}{T_1} = \frac{p_2}{p_1} \frac{\frac{p_2}{p_1} + \frac{\gamma+1}{\gamma-1}}{\frac{\gamma+1}{\gamma-1}\frac{p_2}{p_1} + 1} \tag{4.3.7}$$

これらの式をランキン・ユゴニオ (Rankin-Hugoniot) の式という[1]．また，$(p_2 - p_1)/p_1$ を**衝撃波強さ** (shock strength) とよぶ[2]．

式 (4.3.6) は衝撃波前後の圧力比を密度比で表しているが，同様な式に等エントロピーの関係式 $p_2/p_1 = (\rho_2/\rho_1)^\gamma$ がある．これらの違いを図 4.3.1 と図 4.3.2 に示す．衝撃波の強さが弱くなると $((p_2 - p_1)/p_1 \to 0$ すなわち $p_2 \to p_1)$，衝撃波前後の密度比は等エントロピー変化の値に近づく．一方，衝撃波の強さをいくら強くしても $((p_2 - p_1)/p_1 \to \infty)$，密度比は $(\gamma+1)/(\gamma-1)$ に漸近し，等エントロピー変化が示すような無限に大きくはならない．一方，T_2/T_1 の変化は p_2/p_1 が大きくなるに従って増加するが，その変化はランキン・ユゴニオの関係の方が大きい．

高速度で飛行する宇宙往還機や衝撃波管内を進行する衝撃波のマッハ数と衝撃波前後の速度や密度といった力学的諸量や状態量の変化を示す関係式を求め

---
[1] $\epsilon_2 - \epsilon_1 = (1/2)(p_1 + p_2)(1/\rho_1 - 1/\rho_2)$ は一般化されたランキン・ユゴニオの式とよばれる．
[2] まれに p_2/p_1 を衝撃波の強さとする解説書もある．

4 垂直衝撃波

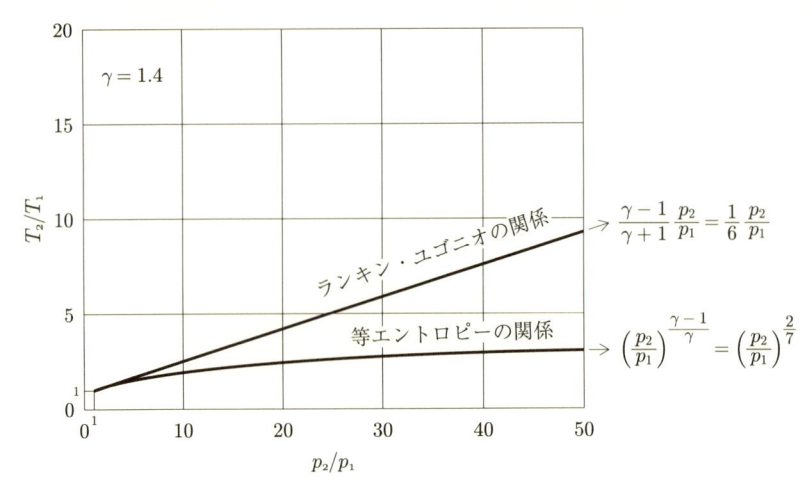

図 4.3.2 ランキン・ユゴニオの関係 ($T \sim p$)

ておくことは，垂直衝撃波の特性を理解する上で有意義である．ここでは，衝撃波を挟んだ圧力比，密度比，温度比および下流側のマッハ数を上流側マッハ数で表現する．式 (4.3.4) と式 (4.3.5) より密度比を消去すると

$$\frac{p_2}{p_1} = 1 + \frac{2\gamma}{\gamma+1}(M_1^2 - 1) \tag{4.3.8}$$

となり，式 (4.3.8) を式 (4.3.4) に代入して整理すると次式を得る．

$$\frac{\rho_2}{\rho_1} = \frac{(\gamma+1)M_1^2}{2+(\gamma-1)M_1^2} = 1 + \frac{2(M_1^2-1)}{2+(\gamma-1)M_1^2} = \frac{u_1}{u_2} \tag{4.3.9}$$

また，温度比は状態方程式を使って式 (4.3.8) と式 (4.3.9) より次式となる．

$$\begin{aligned}\frac{T_2}{T_1} &= \left\{1 + \frac{2\gamma}{\gamma+1}(M_1^2-1)\right\}\frac{2+(\gamma-1)M_1^2}{(\gamma+1)M_1^2} \\ &= 1 + \frac{2(\gamma-1)}{(\gamma+1)^2}\frac{\gamma M_1^2+1}{M_1^2}(M_1^2-1) \end{aligned} \tag{4.3.10}$$

式 (4.3.8)〜(4.3.10) から，$M_1 > 1$ のとき各状態量の比は 1 以上となり，衝撃波の後方でそれぞれの値は増加することがわかる．

式 (4.3.8) より，衝撃波を挟んだ圧力比 p_2/p_1 は上流側のマッハ数 M_1 を与えると一意に決まることは重要である．また，$M_1 > 1$ のとき $p_2/p_1 > 1$,

$M_1 < 1$ のとき $p_2/p_1 < 1$ となる．どちらの解も保存則の解ではあるが，$M_1 < 1$ の解は非物理的な解となる．これについては次節で述べる．$M_1 > 1$ の仮定のもとに式 (4.3.8)～(4.3.10) で表される垂直衝撃波の上流側マッハ数 M_1 に対する衝撃波前後の圧力，密度，温度といった物理量の変化を，単原子気体（$\gamma = 5/3$）と二原子分子気体（$\gamma = 7/5$）について図 4.3.3 に示す．図中にはエントロピーの変化も示されているが，これについては次節で述べる．図 4.3.3 より，垂直衝撃波を通過する流れは圧縮されて圧力，密度および温度のいずれも増加している．

4.4 垂直衝撃波によるエントロピー変化

衝撃波を気流が通過したときのエントロピーの変化についてみる．式 (3.7.3) よりエントロピーの変化は，

$$s_2 - s_1 = c_p \ln\left(\frac{T_2}{T_1}\right) - R \ln\left(\frac{p_2}{p_1}\right) = c_v \ln\left(\frac{p_2}{p_1}\right) + c_p \ln\left(\frac{\rho_1}{\rho_2}\right) \quad (4.4.1)$$

であり，これに衝撃波関係式の式 (4.3.8) と式 (4.3.9) を代入すると次式を得る．

$$\frac{s_2 - s_1}{R} = \frac{1}{\gamma - 1} \ln\left\{1 + \frac{2\gamma}{\gamma + 1}(M_1^2 - 1)\right\} + \frac{\gamma}{\gamma - 1} \ln\left\{\frac{2 + (\gamma - 1)M_1^2}{(\gamma + 1)M_1^2}\right\} \quad (4.4.2)$$

式 (4.4.2) が与える曲線を図 4.3.3(a) と図 4.4.1 に示す．図 4.4.1 によると，エントロピーの差分は $M_1 > 1$ のときに正，$0 < M_1 < 1$ のときは負となる．熱力学の第 2 法則より，衝撃波を通過した気流のエントロピーが減少してはならない．これより $0 < M_1 < 1$ は非物理的な解を与える．したがって垂直衝撃波の上流側は超音速であり，衝撃波を通過すると気体は圧縮されて圧力は上昇する（$p_2 > p_1$）．

ところで，図 4.4.1 では $M_1 \cong 1$ のときエントロピーはほとんど増加しない．これを調べておく．式 (4.4.2) において $0 < M_1^2 - 1 \ll 1$ を仮定して展開すると

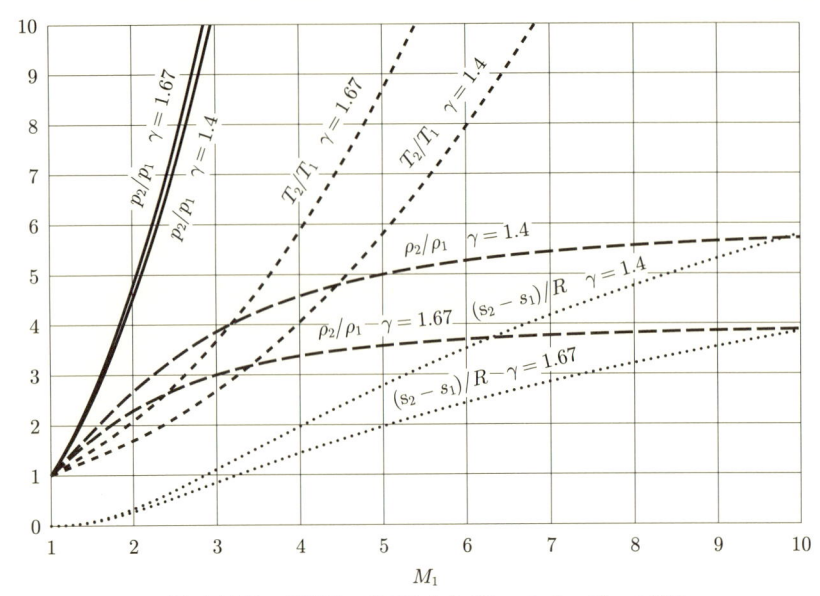

(a) 圧力比，密度比，温度比ならびにエントロピーの増分

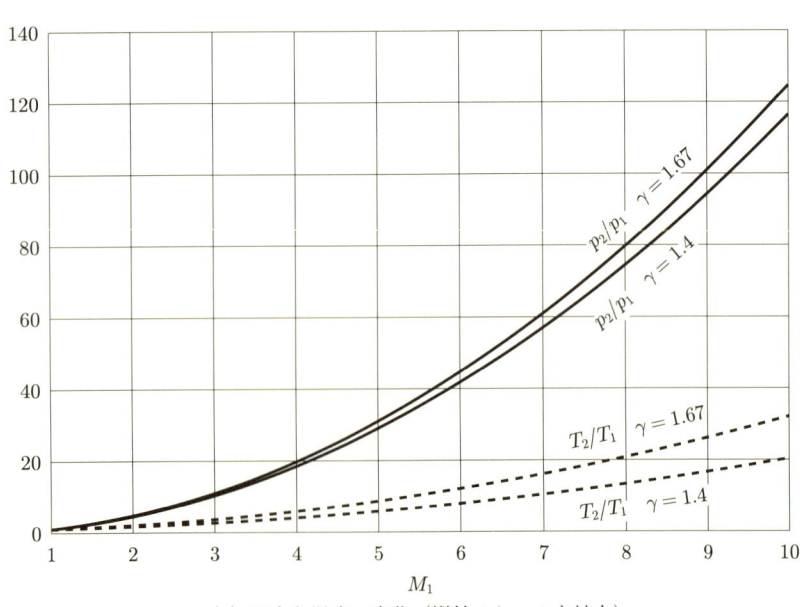

(b) 圧力と温度の変化（縦軸スケールを拡大）

図 **4.3.3** 垂直衝撃波による状態量の変化

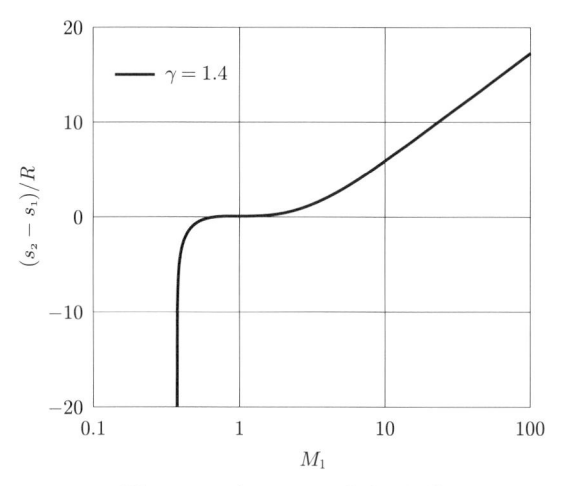

図 **4.4.1** 式 (4.4.2) が与える曲線

$$\frac{s_2 - s_1}{R} = \frac{2\gamma}{3(\gamma+1)^2}(M_1^2 - 1)^3 + \cdots \qquad (4.4.3)$$

を得る．これより衝撃波を挟んだエントロピーの跳びは $(M_1^2 - 1)^3$ 程度の大きさであり，衝撃波が弱い状態（通常 $M_1 \leq 1.4$ 程度）ではエントロピーの増加はほとんど無視できる．

4.5 プラントル・マイヤーの関係式

垂直衝撃波を挟んだマッハ数変化を調べるには，**プラントル・マイヤー（Prandtl-Meyer）の関係式**が便利である．エネルギー保存則から衝撃波を挟んで全エンタルピーが保存される式 (4.2.8) が成り立つが，仮想的に流れの速度と音速が一致する音速状態においても成立する．このとき

$$\frac{u_1^2}{2} + \frac{a_1^2}{\gamma-1} = \frac{u_2^2}{2} + \frac{a_2^2}{\gamma-1} = \frac{\gamma+1}{2(\gamma-1)}a_*^2 \qquad (4.5.1)$$

を得る．ここで添字 $*$ は流れが音速状態にあることを示す．したがって $u_* = a_*$ であり，これを**臨界状態**（critical condition）とよぶ．式 (4.3.9)

の両辺に u_1^2 を掛けると，

$$u_1 u_2 = \frac{\gamma-1}{\gamma+1}u_1^2 + \frac{2a_1^2}{\gamma+1} = \frac{2(\gamma-1)}{\gamma+1}\left(\frac{u_1^2}{2} + \frac{a_1^2}{\gamma-1}\right)$$

となり，上式に式 (4.5.1) を代入すると，次の**プラントル・マイヤーの関係式**（単に**プラントル**（Prandtl）**の関係式**または**マイヤー**（Meyer）**の関係式**とよぶこともある）を得る．

$$u_1 u_2 = a_*^2 \tag{4.5.2}$$

この式が意味するところをみるため，式 (4.5.2) を次のように書きあらためる．

$$\frac{u_1}{a_*}\frac{u_2}{a_*} = M_{*1} M_{*2} = 1 \tag{4.5.3}$$

M_{*1} と M_{*2} はそれぞれ衝撃波の上流と下流における流速を**臨界音速**（critical speed of sound）a_* で無次元化したマッハ数に相当するものである．これはちょうど上流で $M_{*1} > 1$ のとき $M_{*2} < 1$ を，またその逆を示している．そこで M_{*1}, M_1 と M_{*2}, M_2 の関係をみる．いま，$M_{*1} > 1$ を仮定しよう．このとき，式 (4.5.1) を用いると，

$$u_1^2 > a_*^2 = \frac{2(\gamma-1)}{\gamma+1}\left(\frac{u_1^2}{2} + \frac{a_1^2}{\gamma-1}\right)$$

となり，この式を整理すると，

$$u_1^2 > a_1^2, \quad \text{ゆえに} \quad M_1 > 1$$

を得る．同様に $M_{*1} < 1$ のとき $M_1 < 1$ を得る．この関係は M_{*2}, M_2 に対しても成り立つ．上で調べたように，$M_{*1} > 1$ のとき $M_{*2} < 1$ であるから $M_1 > 1$ のとき $M_2 < 1$ となる．また，$M_1 < 1$ のとき $M_2 > 1$ となるが，4.4 節で調べたように $M_1 < 1$ のとき非物理的な衝撃波となる[3]．

---

[3] このような亜音速から超音速への逆方向の変化をみたとき，この衝撃波を**膨張衝撃波**とよぶことがある．

ここで式 (4.5.1) を使うと M_* は式 (4.5.4) のように局所マッハ数 $M(=u/a)$ と関連づけることができる.

$$M_*^2 = \frac{u^2}{a_*^2} = M^2 \frac{a^2}{a_*^2} = \frac{(\gamma+1)M^2}{(\gamma-1)M^2 + 2} \tag{4.5.4}$$

この式を式 (4.5.3) に代入し M_2^2 で整理すると式 (4.5.5) を得る.

$$M_2^2 = \frac{1 + \frac{\gamma-1}{2}M_1^2}{\gamma M_1^2 - \frac{\gamma-1}{2}} = \frac{2 + (\gamma-1)M_1^2}{2\gamma M_1^2 - (\gamma-1)} \tag{4.5.5}$$

したがって下流側のマッハ数は上流マッハ数を用いて次式となる.

$$M_2 = \sqrt{\frac{1 + \frac{\gamma-1}{2}M_1^2}{\gamma M_1^2 - \frac{\gamma-1}{2}}} \tag{4.5.6}$$

この M_2 の変化が次節の図 4.6.2 に示されており,垂直衝撃波の後方では必ず亜音速流 ($M_2 < 1$) となる.

4.6 全圧の変化

図 4.6.1 で示されるような垂直衝撃波の上流側と下流側の状態量を考える.定常流れ場であれば式 (4.2.8) から全エンタルピーは衝撃波前後で保存されるので,**全温**(総温:total temperature やよどみ点温度:stagnation temperature ともいう)は $T_{01} = T_{02}$ となる.一方,**全圧**(総圧:total pressure やよどみ点圧力:stagnation pressure ともいう)は保存されるかみてみよう.

衝撃波を通過するとエントロピーが増大するので,$s_2 - s_1 = s_{02} - s_{01} > 0$ である.全温が保存されることに注意して式 (3.7.3) を用いると次式となる.

$$s_{02} - s_{01} = c_p \ln\left(\frac{T_{02}}{T_{01}}\right) - R \ln\left(\frac{p_{02}}{p_{01}}\right) = -R \ln\left(\frac{p_{02}}{p_{01}}\right) > 0 \tag{4.6.1}$$

これより衝撃波を通過すると

$$p_{02} < p_{01} \tag{4.6.2}$$

が成立することから全圧は必ず減少する.

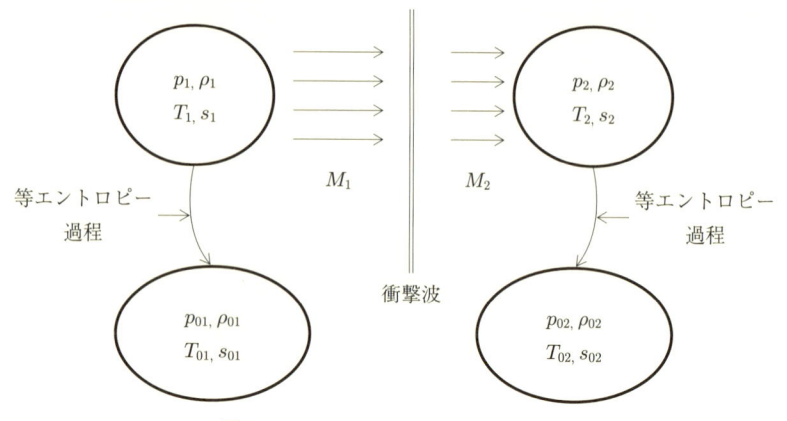

図 **4.6.1** 衝撃波前後のよどみ点状態

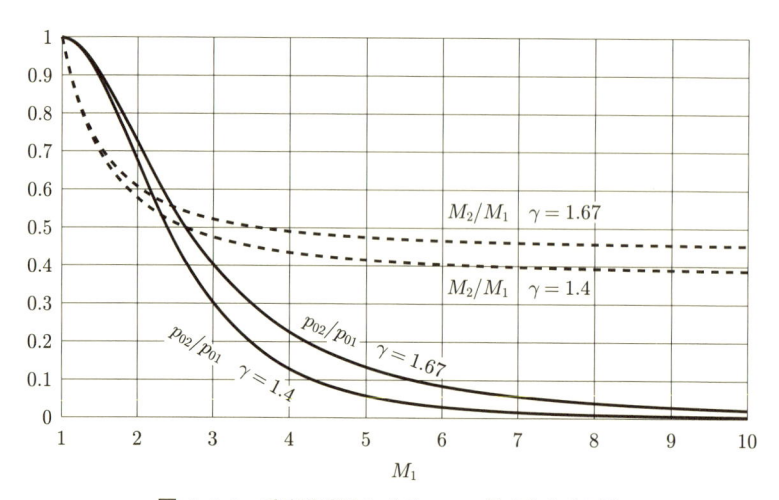

図 **4.6.2** 垂直衝撃波によるマッハ数変化と全圧比

ここで垂直衝撃波を挟んだ全圧変化の式を与えておく．式 (4.6.1) を式 (4.4.2) に代入して整理すると，

$$\frac{p_{02}}{p_{01}} = \left\{1 + \frac{2\gamma}{\gamma+1}(M_1^2 - 1)\right\}^{-\frac{1}{\gamma-1}} \left\{\frac{2 + (\gamma-1)M_1^2}{(\gamma+1)M_1^2}\right\}^{-\frac{\gamma}{\gamma-1}} \quad (4.6.3)$$

を得る．全圧比も上流側マッハ数 M_1 だけで決定する．式 (4.6.3) で与えられ

る全圧比のグラフを図 4.6.2 に示す．弱い衝撃波の場合の全圧損失はわずかであるが，マッハ数が大きくなると下流側の全圧は急激に減少することがわかる．

演習問題

4.1 式 (4.3.3) および式 (4.3.5)（ランキン・ユゴニオの関係式）を導出せよ．

4.2 式 (4.4.3) を導出せよ．

4.3 式 (4.5.4) を求めよ．

4.4 衝撃波前後のエントロピーの変化を圧力比 p_2/p_1 で表すと次式となる．またこれは図 1 のような変化を示す．そこで，$p_2/p_1 > 1$ の流れ場では $s_2 - s_1 > 0$ となり，膨張衝撃波が存在しないことを示せ．

$$\frac{s_2 - s_1}{R} = \frac{\gamma}{\gamma - 1} \ln \left\{ \left(\frac{p_2}{p_1} \right)^{\frac{1}{\gamma}} \cdot \frac{\frac{\gamma+1}{\gamma-1} + \frac{p_2}{p_1}}{1 + \frac{\gamma+1}{\gamma-1} \cdot \frac{p_2}{p_1}} \right\}$$

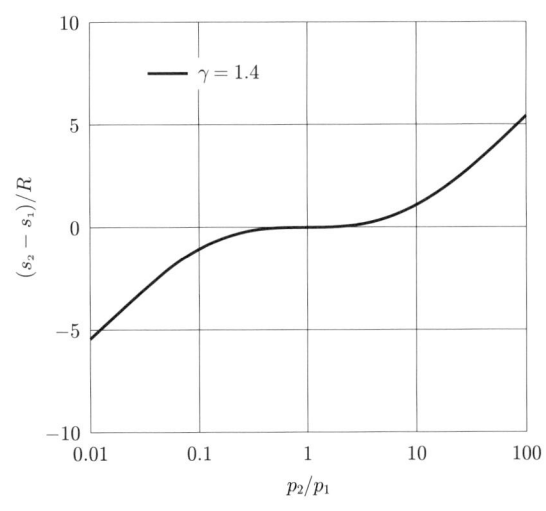

図 1　圧力比によるエントロピーの増分

4.5 式 (4.5.5) から，$M_1 > 1$ のとき $M_2 < 1$ となることを示せ．

4.6 式 (4.6.3) を求めよ（総圧比）．

4.7 貯気槽（総圧 p_0 は既知）から発生した超音速流のマッハ数を計測したい．超音速気流にピトー管を挿入してピトー圧（総圧）を計測した．この後どのようにして気流のマッハ数を決定したらよいか説明せよ．

4.8 標準大気中を $M = 10$ で鈍頭航空機が飛行するとき，飛行体のよどみ点で温度はいくらになるか求めよ．気体は熱量的完全気体とする．

5

1次元非定常流

本章では最初に静止大気中を音速で伝播する振幅の小さな擾乱を考える．その後に有限振幅であるが等エントロピー流れの場合を考察する．

5.1 微小擾乱の仮定にもとづく方程式の線形化

振幅の小さな擾乱を仮定するので，等エントロピー流れ場とする．1次元非定常等エントロピー流れ場の基礎式は，質量保存則

$$\frac{\partial \rho}{\partial t} + \rho \frac{\partial u}{\partial x} + u \frac{\partial \rho}{\partial x} = 0 \tag{5.1.1}$$

運動量保存則

$$\frac{\partial u}{\partial t} + u \frac{\partial u}{\partial x} + \frac{1}{\rho}\frac{\partial p}{\partial x} = 0 \tag{5.1.2}$$

および，エネルギー保存則の代わりの等エントロピー関係式

$$\frac{p}{\rho^\gamma} = \mathrm{const.} \tag{5.1.3}$$

より構成される．式 (5.1.3) より，$p = p(\rho)$ に注意すると

$$\frac{\partial p}{\partial x} = \left(\frac{\partial p}{\partial \rho}\right)_s \frac{\partial \rho}{\partial x} = a^2 \frac{\partial \rho}{\partial x} \tag{5.1.4}$$

を得る．ただし a は音速を表す．このとき式 (5.1.2) は

$$\frac{\partial u}{\partial t} + u \frac{\partial u}{\partial x} + \frac{a^2}{\rho}\frac{\partial \rho}{\partial x} = 0 \tag{5.1.5}$$

となる．

静止状態の気体の圧力と密度をそれぞれ p_0, ρ_0 とする．このとき，微小擾

乱の通過によって生じる圧力，密度，速度の変動量をそれぞれ p', ρ', u' とおく．このとき，

$$p = p_0 + p', \quad \rho = \rho_0 + \rho', \quad u = u' \tag{5.1.6}$$

となる．ここで p', ρ', u' は微小であることから $p'/p_0 \ll 1$, $\rho'/\rho_0 \ll 1$, $u'/a_0 \ll 1$ である．ここで微小擾乱の仮定下において

$$a^2 = \left(\frac{\partial p}{\partial \rho}\right)_s = \frac{\gamma p}{\rho} = \frac{\gamma(p_0 + p')}{\rho_0 + \rho'} \cong a_0^2 \left(1 + \frac{p'}{p_0}\right)\left(1 - \frac{\rho'}{\rho_0}\right) \cong a_0^2$$

が成立することより，擾乱が通過しても音速は変化しない．

式 (5.1.6) を式 (5.1.1) に代入すると

$$\frac{\partial \rho'}{\partial t} + \rho_0 \frac{\partial u'}{\partial x} = 0 \tag{5.1.7}$$

となる．また，式 (5.1.5) に代入すると

$$\frac{\partial u'}{\partial t} + \frac{a_0^2}{\rho_0}\frac{\partial \rho'}{\partial x} = 0 \tag{5.1.8}$$

を得る．式 (5.1.7) を x で微分し，式 (5.1.8) を t で微分して ρ' を消去すると，

$$\frac{\partial^2 u'}{\partial t^2} - a_0^2 \frac{\partial^2 u'}{\partial x^2} = 0 \tag{5.1.9}$$

となる．また，式 (5.1.7) を t で微分し，式 (5.1.8) を x で微分して両式より u' を消去すると，

$$\frac{\partial^2 \rho'}{\partial t^2} - a_0^2 \frac{\partial^2 \rho'}{\partial x^2} = 0 \tag{5.1.10}$$

を得る．式 (5.1.9) および式 (5.1.10) は波動方程式であり，その一般解は

$$\rho'(x,t) = f(x - a_0 t) + g(x + a_0 t) \tag{5.1.11}$$

$$u'(x,t) = F(x - a_0 t) + G(x + a_0 t) \tag{5.1.12}$$

で与えられる．これより，微小擾乱による波（音波）は微小な振幅の波であり，擾乱は音速で前方および後方に伝わる 2 つの波動の重合わせで表現されることがわかる．また，このときの微小振幅の波の伝播による密度変化は式 (5.1.11) で表される．

5.2 特性曲線とリーマン不変量

式 (5.1.7) および式 (5.1.8) において変動量が微分の中にだけ現れていることから，これらの式において ρ' を ρ, u' を u に置き換えることができる．すなわち，

$$\frac{\partial \rho}{\partial t} + \rho_0 \frac{\partial u}{\partial x} = 0, \quad \frac{\partial u}{\partial t} + \frac{a_0^2}{\rho_0} \frac{\partial \rho}{\partial x} = 0$$

と表される．さらに ρ_0, a_0 が定数であることから

$$\frac{\partial}{\partial t}\left(\frac{\rho}{\rho_0}\right) + a_0 \frac{\partial}{\partial x}\left(\frac{u}{a_0}\right) = 0, \quad \frac{\partial}{\partial t}\left(\frac{u}{a_0}\right) + a_0 \frac{\partial}{\partial x}\left(\frac{\rho}{\rho_0}\right) = 0$$

両式より

$$\left[\frac{\partial}{\partial t} + a_0 \frac{\partial}{\partial x}\right]\left(\frac{u}{a_0} + \frac{\rho}{\rho_0}\right) = 0 \tag{5.2.1}$$

$$\left[\frac{\partial}{\partial t} - a_0 \frac{\partial}{\partial x}\right]\left(\frac{u}{a_0} - \frac{\rho}{\rho_0}\right) = 0 \tag{5.2.2}$$

を得る．いま，

$$P \equiv \frac{u}{a_0} + \frac{\rho}{\rho_0}, \quad Q \equiv \frac{u}{a_0} - \frac{\rho}{\rho_0} \tag{5.2.3}$$

とおく．式 (5.2.1) の P に作用する演算子は，式 (1.1.1) で $\Delta y = \Delta z = 0$, かつ $\lim_{\Delta t \to 0} \Delta x / \Delta t = a_0$ の場合を考えることによって，x 軸上を $dx/dt = a_0$ で動く観測者から見た時間微分と理解することができる．音速 a_0 が一定であることから，$dx/dt = a_0$ を積分するとただちに $x - at = $ const. を得る．これは図 5.2.1 に示される x-t 平面上の直線を与える．式 (5.2.1) は P がこの直線上で一定となることを意味する．同様に，式 (5.2.2) は x-t 平面上の直線 $x + at = $ const. 上で Q が一定となることを意味する．$dx/dt = a_0$ を満たす x-t 平面上の直線 C^+, $dx/dt = -a_0$ を満たす直線 C^- は**特性曲線**とよばれる．特性曲線上で一定となる P, Q を**リーマン不変量**とよぶ．

リーマン不変量を用いると，ある時刻 t における ρ, u の値から任意の時刻における ρ, u の値を求めることができる．時刻 t_1 のとき，$x = x_a$ における

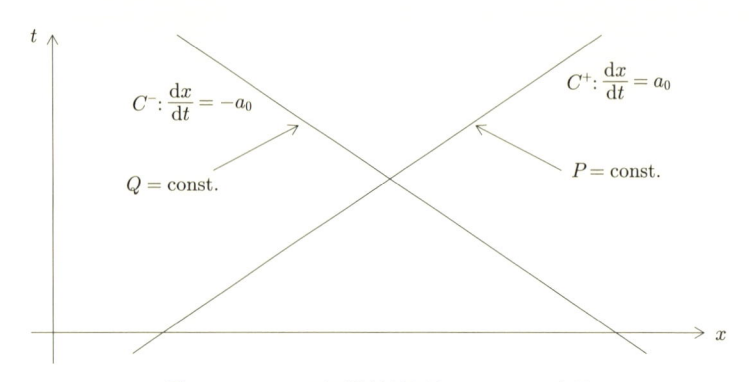

図 5.2.1 x-t 平面特性線図とリーマン不変量

ρ_a, u_a と, $x = x_b$ における ρ_b, u_b が既知とする. 図 5.2.2 に示されるように, x-t 平面上の (x_a, t_1) より発した特性曲線 C^+ と (x_b, t_1) より発した特性曲線 C^- の交点 (x_d, t_2) におけるリーマン不変量 P_d と Q_d は

$$P_d = \left(\frac{u}{a_0} + \frac{\rho}{\rho_0}\right)_d = \left(\frac{u}{a_0} + \frac{\rho}{\rho_0}\right)_a = P_a$$

$$Q_d = \left(\frac{u}{a_0} - \frac{\rho}{\rho_0}\right)_d = \left(\frac{u}{a_0} - \frac{\rho}{\rho_0}\right)_b = Q_b$$

となる. 両式より

$$\rho_d = \frac{\rho_0}{2}\left\{\left(\frac{u}{a_0} + \frac{\rho}{\rho_0}\right)_a - \left(\frac{u}{a_0} - \frac{\rho}{\rho_0}\right)_b\right\} \tag{5.2.4}$$

$$u_d = \frac{a_0}{2}\left\{\left(\frac{u}{a_0} + \frac{\rho}{\rho_0}\right)_a + \left(\frac{u}{a_0} - \frac{\rho}{\rho_0}\right)_b\right\} \tag{5.2.5}$$

を得る.

このようにある時刻の解とリーマン不変量を用いてひきつづく時刻の解を求める手法を**特性曲線法**とよぶ. 本節で取り上げた例では伝播速度が $\pm a_0$ であることから, 特性曲線は常に同じ勾配をもった直線群となる.

5.3 1次元等エントロピー流れの特性曲線

有限振幅の 1 次元等エントロピー流れ場を考える. 本節ではより一般的な

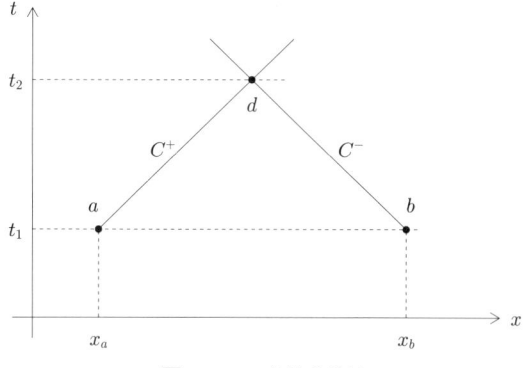

図 **5.2.2** 特性曲線法

導出法を用いてリーマン不変量を求める．1次元等エントロピー流れ場の基礎方程式は式 (5.1.1)，式 (5.1.5) で与えられる．これらの式をまとめると

$$\frac{\partial V}{\partial t} + A\frac{\partial V}{\partial x} = 0 \tag{5.3.1}$$

とかくことができる．ここで

$$V = \begin{pmatrix} \rho \\ u \end{pmatrix}, \quad A = \begin{pmatrix} u & \rho \\ a^2/\rho & u \end{pmatrix} \tag{5.3.2}$$

である．A の固有値 $\lambda_1 = u - a$, $\lambda_2 = u + a$ に対する右固有ベクトル R_i，左固有ベクトル L_i は，右固有ベクトルの第1成分が1となる規格化を施すとき，

$$R_1 = \begin{pmatrix} 1 \\ -a/\rho \end{pmatrix}, \quad R_2 = \begin{pmatrix} 1 \\ a/\rho \end{pmatrix}$$

$$L_1 = \begin{pmatrix} 1/2 & -\rho/2a \end{pmatrix}, \quad L_2 = \begin{pmatrix} 1/2 & \rho/2a \end{pmatrix}$$

で与えられる．左固有ベクトル L_i を式 (5.3.1) の左側から掛けると

$$L_i \left(\frac{\partial V}{\partial t} + A\frac{\partial V}{\partial x} \right) = L_i \left(\frac{\partial V}{\partial t} + \lambda_i \frac{\partial V}{\partial x} \right) = L_i \frac{\mathrm{d}V}{\mathrm{d}t} = 0 \tag{5.3.3}$$

となる.ここで移流速度 λ_i に対する実質微分を $\mathrm{d}V/\mathrm{d}t$ とかいた.特性曲線に沿った積分

$$\int L_i \mathrm{d}V = \text{const.} \tag{5.3.4}$$

が存在するとき,右辺の定数がリーマン不変量を与える.

実際に求めてみよう.λ_1 に対して式 (5.3.3) より

$$\mathrm{d}u - \frac{a}{\rho}\mathrm{d}\rho = 0 \tag{5.3.5}$$

を得る.音速は

$$a^2 = \frac{\gamma p}{\rho} = \gamma \left(\frac{p}{\rho^\gamma}\right)\rho^{\gamma-1}$$

とかけるので一般に ρ と p の関数であるが,等エントロピー流れの仮定より $p/\rho^\gamma = \text{const.}$ に注意して両辺の微分をとると

$$2a\mathrm{d}a = \gamma(\gamma-1)\left(\frac{p}{\rho^\gamma}\right)\rho^{\gamma-2}\mathrm{d}\rho$$

となり,これを式 (5.3.5) に代入すると

$$\mathrm{d}u - \frac{2\mathrm{d}a}{\gamma-1} = 0$$

を得る.したがって特性曲線 C^- に沿って

$$Q \equiv u - \frac{2a}{\gamma-1} = \text{const.} \tag{5.3.6}$$

が成り立つ.λ_2 に対しても同様に求めることができて,特性曲線 C^+ に沿って

$$P \equiv u + \frac{2a}{\gamma-1} = \text{const.} \tag{5.3.7}$$

となる.

前節の微小擾乱を仮定して得られた解(線形理論)と,本節の等エントロピー流れ場に対する非線形方程式に対する解を比較しておく.線形理論の場合は式 (5.1.6) で仮定したように,静止気体中を微小擾乱が音速で伝播する.一方,本節の非線形の場合は,流速 u に相対的な音速である $\lambda_1 = u - a$,

$\lambda_2 = u + a$ によって擾乱が伝播する．また，流れ場の速度は一定ではない．亜音速の場合，2つの伝播速度は符号が異なるので上流側と下流側に擾乱が伝播する．一方，超音速の場合は2つの伝播速度は同符号となり，一方向にしか擾乱が伝わらない．

　ここで注意点を述べておく．本節で用いた一般的な方法によるリーマン不変量の導出法は，もちろん前節の線形理論の場合にも適用できて，式 (5.1.7) および式 (5.1.8) に対する式 (5.2.3) のリーマン不変量を容易に導出することができる．一方，1次元の等エントロピー流れ場を仮定したことによって，式 (5.3.5) は積分可能となった．この等エントロピー流れの仮定を外すと，固有値 $\lambda_1 = u - a$ と $\lambda_2 = u + a$ に対する微分方程式は特性曲線上で積分できず，したがって特性曲線上で一定となるリーマン不変量は存在しない．なお，等エントロピー流れ場の仮定を外すと式 (5.1.3) の代わりにエネルギー方程式を解く必要がある．このとき，1次元流れ場に対する式 (5.3.2) の行列 A は 3×3 の行列となり新たな固有値 $\lambda = u$ が現れる．この固有値に対する微分方程式は可積であり，特性曲線上でエントロピーが一定値となることを示すことができる．導出は読者に任せる．

演習問題

5.1 式 (5.3.5) を導出せよ．

5.2 等エントロピー流れを仮定しない1次元オイラー方程式の場合を考えよう．第2章の演習問題 2.5 で

$$\frac{\partial V}{\partial t} + A \frac{\partial V}{\partial x} = 0 \tag{2P.6}$$

の行列 A の固有値が求められている．A の固有値 $\lambda = u$ に対する左固有ベクトル L を求めよ．この左固有ベクトルを用いて式 (5.3.4) を積分すると，対応する特性曲線上でエントロピーが一定となることを示せ．

Column
圧縮性流体力学を道具として眺める―最適設計の世界

　さて，圧縮性流体力学を学問として眺めているこの教科書だが，世の中にはこれを道具として取り扱う世界もある．その1つが最適設計分野だ．少し一休みして，圧縮性流体力学という学問がどのように実社会で道具として使われているのか，その一例を最適設計の視点から眺めてみる．

最適設計とは？―過去を振り返る

　自然界に存在するもの，例えば植物の葉や昆虫の形，は長い年月を経て自然に適した状況に落ち着いている（最適化されている）ように観察される．つまり，自然界は何らかの原理法則に支配されていると考えられる．これにヒントを得て，工学分野でも最適化を取り入れた設計が行われるようになった．構造分野での最適設計は20世紀初頭に始まったが，航空宇宙機の外形形状設計に対して，圧縮性流体力学を用いて最適設計が行われるようになったのは1980年代で，計算機の発達とともに1990年代に成長した．近年では，企業にも最適設計という考え方が浸透し始め，これまで，自動車や鉄道，はたまた洗濯機や靴といった日常製品にも裾野が広がりつつある．

　初めは，単目的最適化が行われた．単目的最適化では，設計要求が1つだけ定義されるので，最終的にはその設計要求を最適にする唯一解が得られることになる．しかし，工学製品はさまざまな設計要求が存在し，それらすべてを満足させることができない（設計要求間にトレードオフがある）ことが多いため，各設計要求を最適にはしないけれど，すべての設計要求をなるべく良くする妥協解をみつける必要がある．機械システムの最適化も，現実に即すために多目的最適化に発展する．設計要求を複数もつ多目的最適化で得られる結果は，したがって，唯一解ではなく，最適解の集合

となる．設計者がどの解を選べばよいか，そんな指標が必要になってくるため，実は，最適化自体も最適設計システムの中では道具の 1 つに過ぎない．現在の最適設計システムがどのような枠組みで考えられているか，それはまた別な紙面に譲ることにする．

どこに使われているの？—現在を俯瞰する

では，どんな機械システムが最適設計されてきたのか，設計要求値を算出するための道具として圧縮性流体力学を用いた例を挙げてみる．

(1) 単目的最適化と単分野多目的最適化

例えば，遷音速翼 3 次元形状の空力最適化は 1990 年代によく行われた問題である．航空機の場合，一般的に揚力は最大に，抗力は最小にしたいので，単目的問題であれば，設計要求を L/D（揚抗比）の最大化とすることが考えられる．一方，揚力最大化と抗力最小化の 2 つの設計要求を独立に考え多目的な最適化を行うと，最適解集合が得られ，揚力–抗力間のトレードオフという 2 つの設計要求間の相関が見えてきた．L/D 最大化という 1 つの設計要求で最適化を行うと，その最適解集合の L/D 最大となる 1 点だけを探索する．揚力と抗力の相関を俯瞰することなく，L/D 最大という究極の世界だけを眺めることになる．設計者が最終的に欲しい情報をもとに，どのような問題を定義するかが決まるので，どちらが良い悪いという話ではない．

(2) 多分野多目的最適化

2000 年初頭より本格的に行われるようになったトピックは，多分野を厳密に考慮した多目的最適化（MDO: Multidisciplinary Design Optimization）である．空気力学といった 1 分野だけを考慮した最適化では，何の制約もなければ製造が困難であったり，人が搭乗することのできないような非現実的で突飛な形状になる可能性がある．航空機であれば，空力，構造，制御，装備，推進，飛行，騒音，などさまざまな分野を網羅した問題定義にすることが，実機に即した定義になる．例えば，同じ遷音速翼の 3 次元形状最適化でも，多分野を考慮して最適化を行った一例では，設計要求を，一定航続距離に必要な燃料量最小化，最大離陸重量最小化，および遷音速域での抵抗発散（2 速度間での抵抗差分を考慮するので，ロバスト性が考慮

される）最小化，の3つで設定した（空力，構造，空力弾性という3分野が考慮されている）．上述の単目的最適化や単分野多目的最適化に比べ，より現実に即した解集合が得られ，多様な設計知識を得ることができる．それぞれの分野を厳密に解析するため計算コストは膨れ上がるが，最適設計が実社会でさらに活用されるためには，MDOは必須の方向性だろう．

　最適化によって得られる結果は，問題定義にほぼ支配される．つまり，問題の定義によって結果が変わってくるため，実問題の最適化を行うには，その問題の物理的背景を理解していることが必須で，最適設計作業でもっとも時間をかけるべきは問題定義ということになる．これまで経験と勘とで妥協点を模索してきた設計をシステマティックにしただけなので当然といえば当然だが，道具として使うことに慣れてしまったり，初めから道具として与えられたりすると，そのことを忘れて道具が万能であるかのように楽観してしまう．道具はあくまで道具，使う人に依存することを忘れず中身を理解するよう心掛けたいものである．

これからどうなるの？─未来を展望する

(1) 誤差への挑戦

　実際の現象は温度や湿度，風の影響などさまざまな外乱により，まったく同じ結果は得られない．再現性には不確実性（誤差）がついてまわるこのような不確実性の取り扱い方も，最適設計における重要な研究テーマである．

　圧縮性流体力学は決まった方程式を扱っているのだから，誤差など関係ないのだろうか．いや，そのようなことはない．圧縮性流体力学の支配方程式であるナビエ・ストークス方程式は，今のところ解析的に解けない（アメリカのクレイ数学研究所により2000年に発表されたミレニアム懸賞問題の1つになっている）ので，何とか計算機で解けるように差分方程式に落とし込むという離散化（モデル化）をする．この離散化によって，本来の解の連続性を諦めてしまうため，誤差が生じる．差分表式の精度を上げれば誤差は小さくなるが，プログラミングは難解になり，計算時間も増え，なによりもどんなに精度を上げても誤差自体が消えるわけではない．

さらに，物理学における最難関問題の1つともいわれる乱流の取り扱いも，今のところモデル化を施して対処することが多い領域である．直接計算 (DNS: Direct Numerical Simulation)，あるいは構造の大きさにより直接計算とモデル化の領域を分けるハイブリッドな計算 (LES: Large Eddy Simulation)，などさまざまな手法が提案されている．モデル化による誤差への影響をどう改善するか，が今後も圧縮性流体力学のテーマの1つとして研究が続けられるだろう．

(2) 計算機の発達によってできること

DNS や LES は計算時間が膨大になり，問題や計算機環境にもよるが数ヶ月計算を回し続けることもある．多くの形状を評価する必要のある最適化で使う道具としては，まだ使い勝手が悪い状況だ．しかし，ムーアの法則に従えば，5年でおよそ10倍の計算機性能成長が見込まれるので，現在の計算機では時間のかかりすぎる解析方法を，将来的にはまさに道具として最適化で使えるようになる可能性がある．燃焼や騒音といった，非定常な現象を伴う機械システムの最適設計を現実的な期間で行うことができるようになるだろう．

計算規模，という点を考えると，現在なかなか行えないのは，航空機であれば離陸から着陸まですべての飛行プロファイルを考慮した最適設計である（宇宙輸送機であれば全ミッションシークエンスを考慮した最適設計だ）．現在の航空機の主翼は，もっとも運用時間の長い巡航状態に特化して設計されるので，それ以外の条件下では効率が悪くなる．さまざまな条件を考慮した最適設計を行う中で，多様でロバストな解を得て，革新的な形状を見出すこともできるようになるかもしれない．つまり，最適設計も点（離散）での設計から線（連続）での設計へと転換されるだろう．

学問は学問として追究することもできるし，道具として極めることもできるだろう．学問として，あるいは道具として圧縮性流体力学を眺めたとき，あなたはどのような将来を思い描くだろうか．

[千葉一永／電気通信大学]

76   5 1次元非定常流

図 1 JAXA（宇宙航空研究開発機構）静粛超音速研究機第 1 次 MDO 結果の一部である．得られた最適解集合を自己組織化マップ上にクラスタ化した上で鳥瞰している．第 1 次最適設計では主に，主翼平面形状決定のため，空力，ブーム騒音，および複合材構造に関する最適設計が実施された．この図をはじめ，多くの最適化結果を上手に可視化し，設計者たちに提示することで，意思決定の有益な資料とする．[Chiba, K., Makino, Y., and Takatoya, T. "Evolutionary-Based Multidisciplinary Design Exploration for Silent Supersonic Technology Demonstrator Wing," Journal of Aircraft, **5**（2008）, pp.1481-1494.]

6

斜め衝撃波

　流れに対し傾斜して生じる**斜め衝撃波**（oblique shock wave）についてみてみよう．斜め衝撃波は図 6.0.1 に示すように，凹角面（圧縮コーナー）に沿う流れやくさびを過ぎる流れにおいて発生する．非粘性流れでは物体表面ですべり流のため，表面を流線の 1 つとしてみなすことができ，上流側マッハ数と斜面の角度が同一であれば，両者は同じ流れになる．流れの性質として物体表面に沿うように流れるため，このような流れを形成するように衝撃波が発生する．本章では 2 次元流を取り扱う．

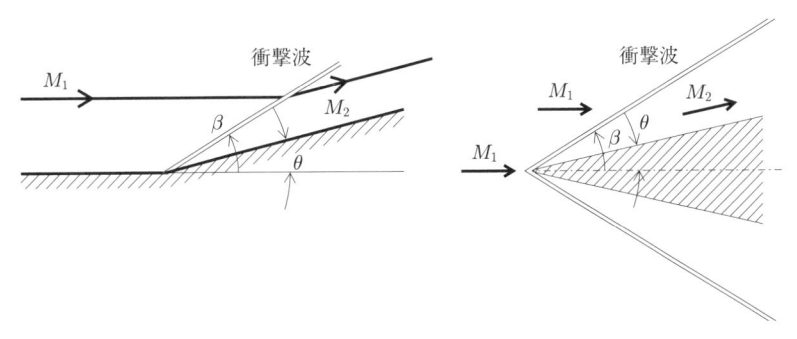

図 6.0.1　斜め衝撃波の発生

6.1　斜め衝撃波の関係式

　斜め衝撃波前後の関係式を得るために図 6.1.1 に示すような 2 本の流線と衝撃波面に平行な 2 直線で囲まれた検査体積 Ω（abcfeda）を考える．M, θ, β はそれぞれ流れのマッハ数，衝撃波上流側の流れ方向に対する下流側の**流れ**

6 斜め衝撃波

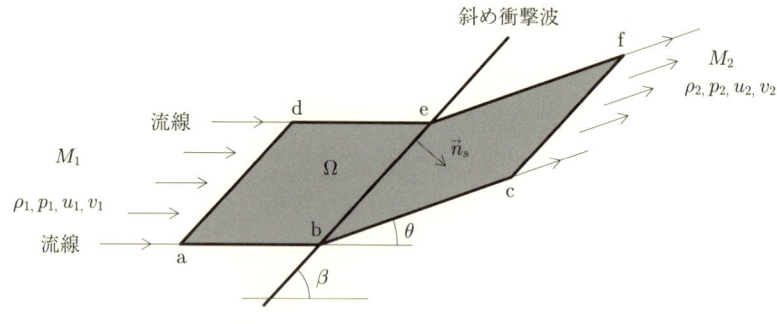

図 6.1.1 斜め衝撃波と検査体積 Ω

の偏角 (deflection angle) および衝撃波のなす角度 (これを**衝撃波角** (shock angle) とよぶ) である. また, 添字 1 は衝撃波上流側, 添字 2 は下流側の物理量を表す. $\vec{n}_s$ は衝撃波面の単位法線ベクトルである.

流れ場を定常とし, 式 (2.1.2) を適用すると積分形の質量保存則は次式となる.

$$\int_{\partial\Omega} \rho u_n \mathrm{d}l = (\rho_2 u_{n2} - \rho_1 u_{n1})l = 0$$

ここで $u_{n2} = \vec{u}_2 \cdot \vec{n}_s$, $u_{n1} = \vec{u}_1 \cdot \vec{n}_s$ を表し, それぞれ辺 cf と辺 ad における速度ベクトルの衝撃波面垂直方向 $\vec{n}_s$ への射影を表す. また l は辺 ad と辺 cf の長さである. Ω の下辺と上辺はいずれも流線であることから $\vec{u} \cdot \vec{n}$ は 0 となり積分には寄与しない. 同様に運動量保存則の積分形の式 (2.2.5) および (2.2.6) を Ω に適用し整理すると, x, y 成分はそれぞれ

$$\int_{\partial\Omega} (\rho u u_n + p n_x) \mathrm{d}l = (\rho_2 u_2 u_{n2} - \rho_1 u_1 u_{n1})l + (p_2 n_{sx} - p_1 n_{sx})l = 0$$

$$\int_{\partial\Omega} (\rho v u_n + p n_y) \mathrm{d}l = (\rho_2 v_2 u_{n2} - \rho_1 v_1 u_{n1})l + (p_2 n_{sy} - p_1 n_{sy})l = 0$$

となる. n_{sx}, n_{sy} はそれぞれ $\vec{n}_s$ の x および y 方向成分を表す. また, エネルギー保存則の式 (2.3.2) から次式となる.

$$\int_{\partial\Omega} (e+p) u_n \mathrm{d}l = \{(e_2 + p_2) u_{n2} - (e_1 + p_1) u_{n1}\} l = 0$$

以上より, 積分形の保存則を検査体積に適用すると次の 4 式を得る.

6.1 斜め衝撃波の関係式

$$\rho_1 u_{n1} = \rho_2 u_{n2} \tag{6.1.1}$$

$$\rho_1 u_1 u_{n1} + p_1 n_{sx} = \rho_2 u_2 u_{n2} + p_2 n_{sx} \tag{6.1.2}$$

$$\rho_1 v_1 u_{n1} + p_1 n_{sy} = \rho_2 v_2 u_{n2} + p_2 n_{sy} \tag{6.1.3}$$

$$(e_1 + p_1)u_{n1} = (e_2 + p_2)u_{n2} \tag{6.1.4}$$

ここで式 (6.1.2) に n_{sx}，式 (6.1.3) に n_{sy} を掛けて辺々を足し合わせると，

$$\rho_1 u_{n1}^2 + p_1 = \rho_2 u_{n2}^2 + p_2 \tag{6.1.5}$$

となり，また式 (6.1.2) に $-n_{sy}$，式 (6.1.3) に n_{sx} を掛けて辺々を足し合わせると次式を得る．

$$\rho_1 u_{n1} u_{t1} = \rho_2 u_{n2} u_{t2} \tag{6.1.6}$$

ここで $u_t \equiv -u n_{sy} + v n_{sx}$ は斜め衝撃波面に沿った方向の速度成分である．式 (6.1.1) を式 (6.1.6) に代入すると

$$u_{t1} = u_{t2} \tag{6.1.7}$$

となり，斜め衝撃波面に沿う速度成分は衝撃波面を挟んで保存されることがわかる（図 6.1.2）．また式 (6.1.4) のエネルギー保存則は，

$$(e+p)u_n = \left(\rho\epsilon + \frac{\rho}{2}u_n^2 + \frac{\rho}{2}u_t^2 + p\right)u_n$$

と表され，さらに式 (6.1.1) と式 (6.1.7) を用いると，

$$(e_1' + p_1)u_{n1} = (e_2' + p_2)u_{n2} \tag{6.1.8}$$

となる．ただし e' は次式で定義され，e と ϵ はそれぞれ単位体積当たりの全エネルギー，および単位質量当たりの内部エネルギーである．

$$e' \equiv \rho\epsilon + \frac{\rho}{2}u_n^2 \tag{6.1.9}$$

6 斜め衝撃波

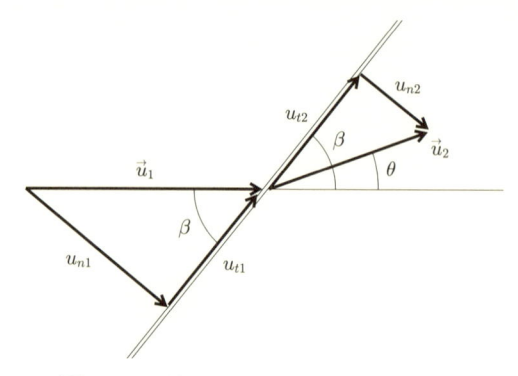

図 6.1.2 斜め衝撃波前後の速度成分の分解

以上より斜め衝撃波を挟んで成り立つ質量保存則，運動量保存則，エネルギー保存則は式 (6.1.1)，式 (6.1.5)，式 (6.1.8) で与えられる．ここで $u_n \to u$，$e' \to e$ と読み替えると，これらの式は垂直衝撃波を挟んで成り立つ関係式と同じ式に帰着する．これより斜め衝撃波を挟んで成立する関係式は，斜め衝撃波面に垂直方向の垂直衝撃波関係式を用いて次式のように表すことができる．

$$\frac{p_2}{p_1} = 1 + \frac{2\gamma}{\gamma+1}(M_{n1}^2 - 1) \tag{6.1.10}$$

$$\frac{\rho_2}{\rho_1} = \frac{(\gamma+1)M_{n1}^2}{2+(\gamma-1)M_{n1}^2} \tag{6.1.11}$$

$$\frac{T_2}{T_1} = \left\{1 + \frac{2\gamma}{\gamma+1}(M_{n1}^2 - 1)\right\} \frac{2+(\gamma-1)M_{n1}^2}{(\gamma+1)M_{n1}^2} \tag{6.1.12}$$

$$M_{n2} = \sqrt{\frac{1 + \frac{\gamma-1}{2}M_{n1}^2}{\gamma M_{n1}^2 - \frac{\gamma-1}{2}}} \tag{6.1.13}$$

ただし，M_{n1} は u_{n1} に対するマッハ数で，幾何学的考察（図 6.1.2）から次式で与えられる．

$$M_{n1} = \frac{u_{n1}}{a_1} = \frac{u_1 n_{sx}}{a_1} = M_1 \sin\beta \tag{6.1.14}$$

同様に，M_{n2} は u_{n2} に対するマッハ数であり次式となる．

$$M_{n2} = \frac{u_{n2}}{a_2} = \frac{\sqrt{u_{n2}^2 + u_{t2}^2}}{a_2}\sin(\beta-\theta) = M_2\sin(\beta-\theta) \qquad (6.1.15)$$

以上より，斜め衝撃波前後の各物理量の変化は，垂直衝撃波における関係式において，衝撃波の上流と下流における流れのマッハ数を次のように置き換えて求めることができる．

$$M_1 \to M_1\sin\beta \qquad (6.1.16)$$

$$M_2 \to M_2\sin(\beta-\theta) \qquad (6.1.17)$$

上述の式 (6.1.10)〜(6.1.13) に対応する垂直衝撃波の式 (4.3.8)〜(4.3.10)，および式 (4.5.6) に代入し，上記 2 式により β と θ を用いた形式で表すと以下のようになる．

$$\frac{p_2}{p_1} = 1 + \frac{2\gamma}{\gamma+1}(M_1^2\sin^2\beta - 1) \qquad (6.1.18)$$

$$\frac{\rho_2}{\rho_1} = \frac{u_{n1}}{u_{n2}} = \frac{(\gamma+1)M_1^2\sin^2\beta}{2+(\gamma-1)M_1^2\sin^2\beta} \qquad (6.1.19)$$

$$\frac{T_2}{T_1} = 1 + \frac{2(\gamma-1)}{(\gamma+1)^2}\frac{\gamma M_1^2\sin^2\beta + 1}{M_1^2\sin^2\beta}(M_1^2\sin^2\beta - 1) = \frac{a_2^2}{a_1^2} \qquad (6.1.20)$$

$$M_2 = \frac{1}{\sin(\beta-\theta)}\sqrt{\frac{1+\frac{\gamma-1}{2}M_1^2\sin^2\beta}{\gamma M_1^2\sin^2\beta - \frac{\gamma-1}{2}}} \qquad (6.1.21)$$

同様に，斜め衝撃波前後のエントロピーと全圧の変化についても，式 (4.4.2) および式 (4.6.3) から式 (6.1.22)，(6.1.23) のように表される．

$$\begin{aligned}\frac{s_2-s_1}{R} &= \frac{1}{\gamma-1}\ln\left\{1+\frac{2\gamma}{\gamma+1}(M_1^2\sin^2\beta - 1)\right\} \\ &\quad + \frac{\gamma}{\gamma-1}\cdot\ln\left\{\frac{(\gamma-1)M_1^2\sin^2\beta + 2}{(\gamma+1)M_1^2\sin^2\beta}\right\} \\ &= -\ln\frac{p_{02}}{p_{01}}\end{aligned} \qquad (6.1.22)$$

$$\frac{p_{02}}{p_{01}} = \left\{1 + \frac{2\gamma}{\gamma+1}(M_1^2 \sin^2\beta - 1)\right\}^{-\frac{1}{\gamma-1}} \left\{\frac{2 + (\gamma-1)M_1^2 \sin^2\beta}{(\gamma+1)M_1^2 \sin^2\beta}\right\}^{-\frac{\gamma}{\gamma-1}} \tag{6.1.23}$$

式 (6.1.23) によると，例えば上流側気流マッハ数が $M_1 = 3.0$，衝撃波角 $\beta = 30°$ の斜め衝撃波を通過する場合，$M_{n1} = M_1 \sin(30°) = 1.5$ を代入して $p_{02}/p_{01} = 0.9298$ を得る．このとき斜め衝撃波下流側のマッハ数は $M_2 = 2.367$ となり，下流側も依然超音速気流であるが，減速時の全圧損失は 7 % 程度にとどまる．

式 (6.1.18) から式 (6.1.23) で与えられる斜め衝撃波の関係式では，垂直衝撃波と同様に波面に垂直な速度成分に対する上流側のマッハ数で前後の関係が決定する．このとき，$M_n = M_1 \sin\beta \leq M_1$ であるから，上流側の気流マッハ数が同一であっても，垂直衝撃波に比べて斜め衝撃波を挟んで生じる圧縮は弱くなり，また衝撃波面での全圧損失も小さい．斜め衝撃波面の垂直方向の速度成分で構成したマッハ数は，上流側で超音速（$M_{n1} > 1$），下流側で亜音速（$M_{n2} < 1$）であるが，式 (6.1.7) で示されるように，波面の接線方向の速度成分が保存されることから，斜め衝撃波下流側の気流マッハ数（M_2）は，次節で述べるようにほとんどの場合において超音速となる．

6.2 斜め衝撃波前後における流れの変化

前節では斜め衝撃波の前後における速度や状態量の変化についてみた．凹角壁面やくさびがあると流れは物体表面に沿うように斜め衝撃波を形成してその向きを変える．したがって上流側の流れのマッハ数 M_1 と衝撃波角 β および流れの偏角 θ にはある関係が成り立つ．本節ではこの関係式 $f(M_1, \theta, \beta) = 0$ を求め，そこから得られる物理現象についてみてみよう．

図 6.1.2 に示す速度の幾何学的関係，および斜め衝撃波に平行な方向の速度成分が衝撃波前後において変化しないことから，

$$\tan(\beta - \theta) = \frac{u_{n2}}{u_{t2}} = \frac{u_{n2}}{u_{t1}} = \frac{u_{n2}}{u_{n1}}\tan\beta \tag{6.2.1}$$

が成り立つ．この u_{n2}/u_{n1} に式 (6.1.19) を用いると式 (6.2.2) が，さらに計算をすすめて θ について解くと式 (6.2.3) を得る．

$$\frac{\tan(\beta-\theta)}{\tan\beta} = \frac{u_{n2}}{u_{n1}} = \frac{(\gamma-1)M_1^2\sin^2\beta + 2}{(\gamma+1)M_1^2\sin^2\beta} \quad (6.2.2)$$

$$\tan\theta = 2\cot\beta\frac{M_1^2\sin^2\beta - 1}{M_1^2(\gamma+\cos 2\beta) + 2} \quad (6.2.3)$$

これら 2 式は内容が同じで表現が異なっているだけであり，これが M_1, θ, β の関係を示す式となる．この式によれば，流れの方向が斜め衝撃波の前後で変化しない，すなわち流れの偏角が $\theta = 0°$ となるのは，式 (6.2.3) の右辺が 0 となる $\beta = 90°$ と $\beta = \sin^{-1}(1/M_1)$ の 2 つの場合である．前者は衝撃波角が流れに対して直角となる垂直衝撃波を示し，後者は図 6.0.1 で θ を $0°$ にしたときの波に相当し，これは**マッハ波**（Mach wave）とよばれる．なお，超音速流中で傾き μ の線が描け，これを**マッハ線**（Mach line）という．1.3 節でみたマッハ波と同じ波の現象である．またこの式から $M_1 \to \infty$ の極限において，マッハ角 $\mu \to 0°$ となることがわかる．

この M_1, θ, β の関係を代表的な M_1 について示したものが図 6.2.1 である．図中には衝撃波の下流で流れが音速（$M_2 = 1$）になる点を結んだ破線も示されている．この図から以下のことがわかる．

(1) 流れの偏角 θ には最大値 $\theta_{\max}$ が存在する．
(2) 斜め衝撃波によって $\theta_{\max}$ を越える流れの偏向は生じない．
(3) 1 つの θ に対し，$\theta_{\max}$ のときをのぞき 2 つの β が存在する．
(4) 大きい方の角度 β で現れる斜め衝撃波の背後は，常に亜音速流れ（$M_2 < 1$）となる．
(5) 小さい方の β による流れの場合，$\theta_{\max}$ と $M_2 = 1$ に挟まれた狭い範囲をのぞき，衝撃波背後の流れは超音速流れ（$M_2 > 1$）となる．

上記 (3) から，実際の流れにおいてどちらの衝撃波角 β をもつ斜め衝撃波が形成されるかが疑問として残る．この点については次節で取り上げる．

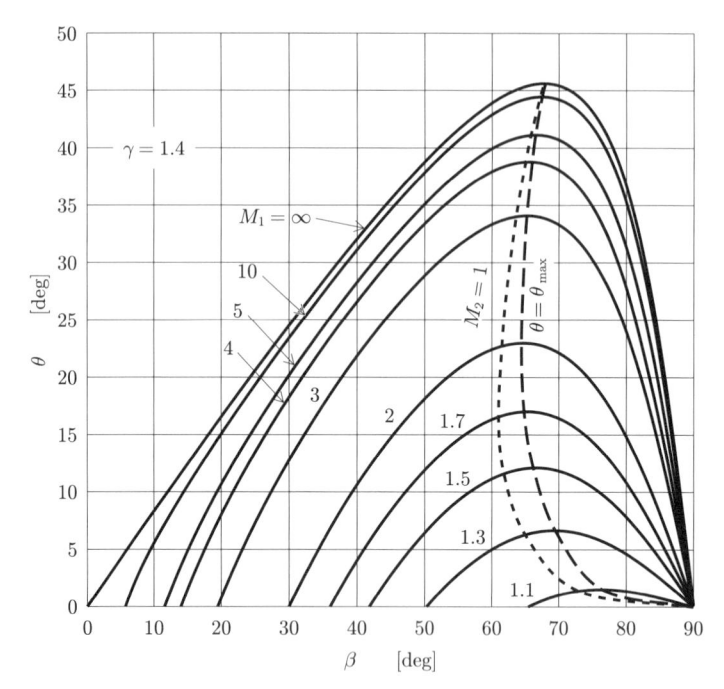

図 **6.2.1** 斜め衝撃波に対する M_1, θ, β の関係

6.3 弱い衝撃波と強い衝撃波

図 6.2.1 によれば 1 つの θ に対し，2 つの $\beta(\beta_1, \beta_2)$ が存在する．$\beta_1 < \beta_2$ のとき，衝撃波角が β_1 の解を**弱い衝撃波解**，β_2 の解を**強い衝撃波解**とよぶ．くさびや圧縮コーナーを用いた実験では主に弱い衝撃波の解を観察している．また，同じ初期境界条件で数値解析を実施してもやはり弱い衝撃波の解が得られる．それでは強い衝撃波の解は存在しないのであろうか．

そこで，超音速流中に小さな角度 θ の凹角壁面が図 6.0.1 のように置かれている場合を考える．流れを非粘性としているので，これは半頂角 θ のくさびを過ぎる流れの上半分と同じである．このとき凹角壁面の角部から斜め衝撃波が発生し，その後方では壁面に沿う方向に流れが偏向する．凹角壁面の角度 θ を徐々に大きくすると，形成される衝撃波角 β も大きくなる．これはち

ょうど図 6.2.1 において，ある M_1（一定）の線上で θ を大きくしていくことに相当し，同時に β も大きくなることを意味する．さらに θ を大きくすると最大値 $\theta_{\max}$ を迎えるが，ここまで β も増加を続ける．逆に θ を小さくしていくと β も小さくなり，$\theta = 0°$ になると β はある値に落ち着く．このとき上述の $\beta = \sin^{-1}(1/M_1)$ であり，これは斜め衝撃波が弱くなった極限，すなわちマッハ波になることを意味する．このマッハ波の前後において流れは等エントロピー変化する．したがってマッハ波（マッハ線）は流れのいたるところに存在する．また $\beta = \sin^{-1}(1/M_1)$ の関係から，流速が音速（$M_1 = 1$）のとき $\beta = 90°$ となり，さらに $M_1 \to \infty$ のとき $\beta \to 0$ となる．

　一方，β が大きい方の衝撃波についてみてみよう．図 4.1.1 の垂直衝撃波のように，超音速で飛行する鈍頭物体の頭部前方には離脱衝撃波が発生する．これはくさび形状の半頂角が $90°$ の場合に相当する．そこでこの半頂角 θ を $90°$ から徐々に小さくしていく経緯をたどる．θ が $90°$ から少し小さくなっても，流れにとっては前方の物体は鈍頭物体に相当する（図 6.3.1）．したがって θ が $90° \to \theta_{\max}$ までは鈍頭物体前方に生じる衝撃波であり，この斜め衝撃波は物体から離れた離脱衝撃波として存在する．この衝撃波の流れに対する角度 β が $\sin^{-1}(1/M_1) < \beta < \beta_{\theta_{\max}}$（$\beta_{\theta_{\max}}$ は θ が $\theta_{\max}$ となるときの β）のとき，この斜め衝撃波が前述の**弱い衝撃波**（または**弱い衝撃波解**）であり，$\beta_{\theta_{\max}} < \beta \leq \pi/2$ のときが**強い衝撃波**（または**強い衝撃波解**）である．前者は衝撃波が物体前縁についた付着衝撃波や，この後で説明するような離脱衝撃波のうち物体から遠い位置で観察することができる．一方，後者は物体から離れた離脱衝撃波で観察される．以下でもう少し詳しくみてみよう．

　図 6.3.1(a) は超音速流中に前縁部が半円形（または (b) のような鈍頭物体となる半頂角の大きなくさび形状）の 2 次元平板を置いたときの流れの様子を示したものである．これを $f(M_1, \theta, \beta) = 0$ の関係と対応づけて示したものが図 6.3.2(a) である．$\phi = 0$（ϕ はよどみ点流線からの角度）の位置では垂直衝撃波となり，もっとも強い衝撃波を形成する（図 6.3.2 の a 点）．ϕ が徐々に増加すると，この強い衝撃波の傾き角 β は $\pi/2$ から徐々に減少し，その強さを弱めながら $\beta_{\theta_{\max}}$ まで小さくなる（図 6.3.2(a) 図の a 点 → c 点）．この範囲は図 6.2.1 からわかるように，衝撃波後方で流れは亜音速状態となる．この

a 点 →c 点間には弱い衝撃波解と θ が一致する（$\theta = \theta'$）b 点が存在する．さらに ϕ が増加して $M_2 = 1$（音速）となる位置が d 点で示されている．図 6.2.1 の音速線（$M_2 = 1$）の右側の領域，すなわち図 6.3.2(b) の衝撃波後方の音速線内側では亜音速状態が続く．

さらに ϕ が増加し衝撃波角 β が減少すると，斜め衝撃波の後方においても

(a) 前縁形状が半円形 (b) 半頂角の大きなくさび状前縁

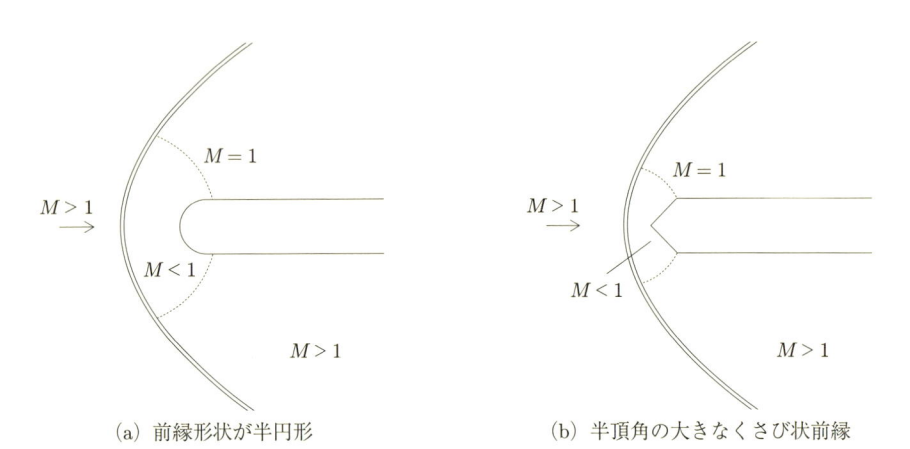

図 **6.3.1** 強い衝撃波の発生

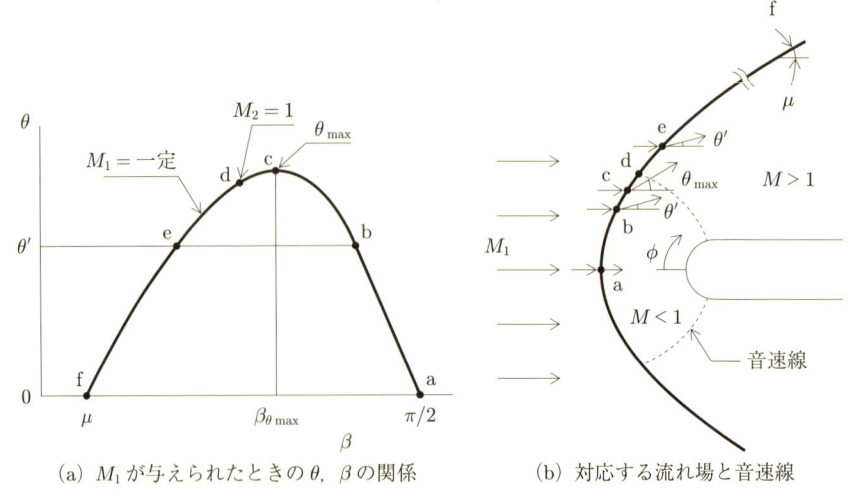

(a) M_1 が与えられたときの θ, β の関係 (b) 対応する流れ場と音速線

図 **6.3.2** 弱い衝撃波と強い衝撃波の成り立ち

超音速状態となる．この斜め衝撃波はϕの増加につれて$\beta = \sin^{-1}(1/M_1) = \mu$（マッハ角）になるまでその強さを弱めながら（$\beta$を小さくしながら）続く．この$\beta_{\theta_{\max}} > \beta > \mu$の間には先ほどと同様，強い衝撃波解と$\theta$が一致するe点（$\theta = \theta'$）が存在する．図 6.2.1 に示す$\theta_{\max}$と$M_2 = 1$の間の流れは，弱い衝撃波でありながらその後方で$M_2 < 1$の亜音速状態となる．これは図 6.3.2(a)，(b) のe点がc点とd点の間にくるときの流れである．

6.4 斜め衝撃波の反射と干渉

斜め衝撃波の反射と干渉についてみてみよう．この現象は第 8 章で述べるノズル流れに現れる衝撃波の現象とも関連する．斜め衝撃波が浅い角度βで壁面に向かうと，図 6.4.1(a) に示すような壁面で衝撃波が反射する現象がみられる．これは衝撃波の**正常反射**（regular reflection）とよばれる現象で，反射衝撃波後方の流れは再び壁面に沿ったものとなる．これは光の鏡面反射的な現象とは異なる．非粘性流れにおける特徴の壁面を流線とみなすと，これはちょうど同じ強さと角度の衝撃波が下方からやってきたときの 2 つの衝撃波による干渉となる（図 6.4.1(b)）．この場合，片方の衝撃波が他方の衝撃波を進行する角度を変えて通り抜ける現象となる．その取り扱いは壁面の反射と同じである．なお図 6.4.1(b) で双方の衝撃波の強さが異なれば，2 つの衝撃波はそれぞれ異なる偏向をもって進行する．

この入射衝撃波の入射角度が大きくなると，入射衝撃波によってその後方で偏向した流れが反射衝撃波によって再び偏向を受けるものの，その流れが壁面に沿った流れとはならない状況が発生する．このとき反射点が壁面には存在せず，図 6.4.2 に示すように流体中に浮上して**三重点**（triple point）を形成する（図中の記号**T**）．三重点には**入射衝撃波**（**I**）と**反射衝撃波**（**R**），そして壁面方向に延びる**マッハステム**（Mach stem）（記号**M**）とよばれる強い衝撃波を形成する．この三重点の下方（三重点と壁面との間）に流入した流れは，衝撃波（マッハステム）を一度だけ通過するが，上方の流れは入射衝撃波と反射衝撃波の 2 つを通り過ぎる．このため両者の流れにはエントロピーの差が生じ，したがって三重点から下流に向けて延びる**すべり線**（slip line，または

(a) 正常反射

(b) 同じ強さの衝撃波の干渉

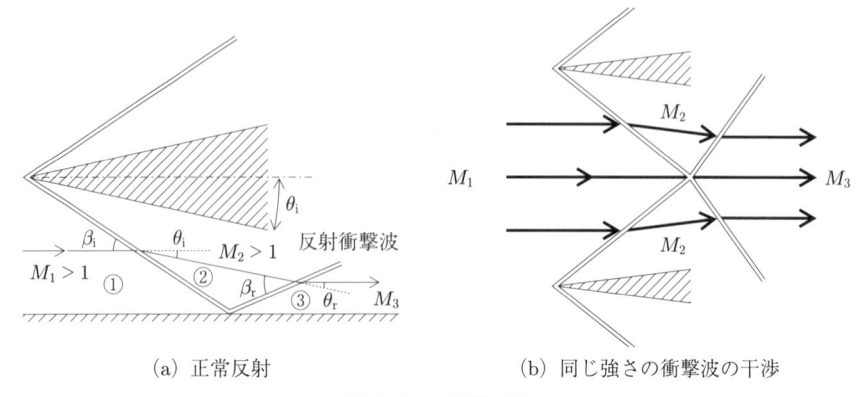

図 **6.4.1** 正常反射

自由境界：free boundary，**接触面**：contact surface ともよばれる境界）を生成する．このスリップラインを挟んで，両側の流れは圧力が等しく，流れの方向のみ同じで，速度の大きさも密度，温度といったその他の物理量も異なる状態が発生する．壁面上の流れは壁に沿って直進するため，このマッハステムは壁に対して直角に入射するように形成される．したがってマッハステムは三重点から曲げ（方向の変更）を伴い，この曲げの領域では無数の接触面が存在する．このような衝撃波の反射形態を**マッハ反射**（Mach reflection）とよぶ．

正常反射とマッハ反射について，それぞれの衝撃波を通過した後の流れ場の状態を知る必要がある．そこで，その求め方について以下に整理する．

6.4.1 正常反射の流れ場

(1) 既知量として，上流側マッハ数 M_1，および入射衝撃波角 β_i（もしくは流れの壁面への流入角 θ_i），および上流側（図 6.4.1(a) の領域①）の各物理量がある．

(2) 式 (6.2.3) から残りの 1 つ θ_i（もしくは β_i）を求める．

(3) 式 (6.1.21) から M_1，θ_i，β_i を使い M_2 を求める．

(4) 正常反射であるから $\theta_r = \theta_i$ とし，(3) の M_2 を使って式 (6.2.3) から残りの反射衝撃波角 β_r を求める．

(5) 式 (6.1.21) から M_2，θ_r，β_r を使い M_3 を求める．

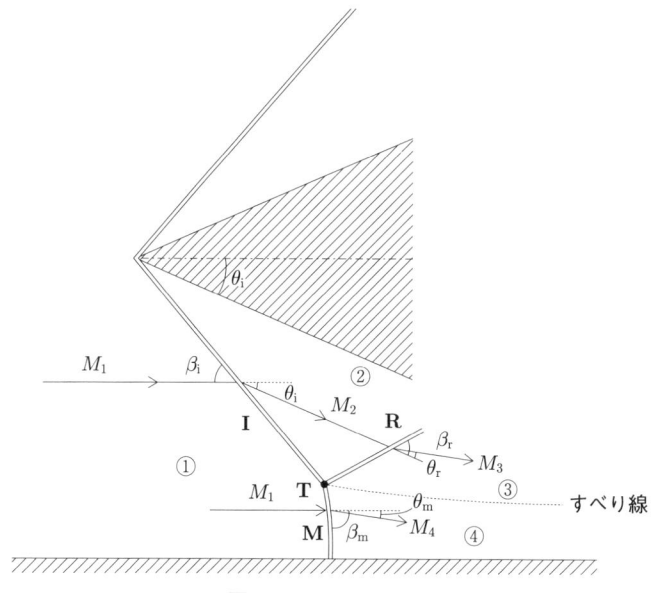

図 6.4.2 マッハ反射

(6) 以上の手続きにより，入射衝撃波および反射衝撃波の前後におけるマッハ数 M_1, M_2, M_3, 衝撃波角 β_i と β_r が求められた．このあとは，式 (6.1.18)～(6.1.23) などの斜め衝撃波前後の関係式を使い，①～③の全領域における流れ場の各物理量が決定する．

6.4.2 マッハ反射の流れ場

正常反射とは異なりスリップラインを挟む上下 2 つの領域のどちらを通過するかによって 2 系統の流れに分かれる．このため正常反射のときのように，上流から順次決定するといった手順を踏むことができない．解法の方針として，スリップラインを挟む領域③と④における流れの整合条件，すなわち圧力が同じになること，および速度ベクトルの向きが同じになることを示す次の 2 式に適合するように決定する．

$$p_3 = p_4 \tag{6.4.1}$$

$$\theta_\mathrm{i} - \theta_\mathrm{r} = \theta_\mathrm{m} \tag{6.4.2}$$

a. 入射衝撃波と反射衝撃波の 2 つを通過する流れ

図 6.4.2 の領域① → ② → ③を通過する流れについて，この場合は正常反射のときと同様にして，

(1) 既知量として上流側マッハ数 M_1，および入射衝撃波角 β_i（もしくは流れの偏角 θ_i），および領域①の各物理量がある．
(2) 式 (6.2.3) から残りの 1 つ θ_i（もしくは β_i）を求める．
(3) 式 (6.1.21) から M_1, θ_i, β_i を使い M_2 を求める．これにより領域①と②の各量は既知となる．
(4) θ_r と β_r は未知量のまま M_2 を介して式 (6.2.3) の関係が成立する．

b. マッハステムを通過する流れ

図 6.4.2 の領域① → ④の流れについて，

(1) 既知量として上流側（領域①）におけるマッハ数 M_1 と各物理量がある．
(2) θ_m と β_m は未知量のまま M_1 を介して式 (6.2.3) の関係が成立する．

ここで未知量とこれに関する方程式について整理すると，未知量は a. の反射衝撃波における流れの偏角 θ_r と衝撃波角 β_r，および b. のマッハステムにおけるそれぞれの θ_m，β_m の計 4 つである．一方，それらに関する方程式は，式 (6.4.1) と式 (6.4.2)，および上述の a.(4) および b.(2) における各方程式の合計 4 つとなる．式 (6.4.1) の p_3 と p_4 は上記 4 つの未知数と直接的には結びつかないが，①と②の領域で各物理量が既知であるから，式 (6.1.18) を介してそれぞれ β_r，β_m と関係づけられている．したがって，これら 4 つの式を用いて上記 4 つの未知量を求めることができる．得られた θ_r，β_r，θ_m，β_m から式 (6.1.18)〜(6.1.23) で表される衝撃波前後の関係式を使い，全領域の各物理量を求めることができる．

6.4.3 ノイマン基準

図 6.4.1(a) において入射衝撃波の入射角 β_i を徐々に大きくしていくと，反射衝撃波によって流れをもとの壁に平行な状態に戻すことができなくなり三重

点の出現となる．この正常反射からマッハ反射への遷移が起こるしきい値を**離脱基準**（detachment criterion）とよぶ．逆に図 6.4.2 のマッハ反射において，入射衝撃波角 β_i を小さくしていくと三重点が壁面に近づき，マッハステムが消滅して正常反射へ遷移する．このときのしきい値は**ノイマン**（Neumann）**基準**（von Neumann criterion または**力学的平衡基準**：mechanical equilibrium criterion）とよばれる．

この離脱基準とノイマン基準が一致することは確認されておらず，正常反射 → マッハ反射のときと，マッハ反射 → 正常反射のときのプロセスによってどちらの反射形態も存在し得る入射衝撃波角度 β_i の領域が存在することが知られている．これは上述の正常反射およびマッハ反射における各領域の諸量が衝撃波の湾曲が発生するなどして必ずしも唯一でないこと，また現実の流れ場で再現するには，このように非粘性の理想的な状態をつくることができず，境界層の一価的な決定の問題や，境界層を通して下流から擾乱が伝播するといった実験の難しさによる．

6.5 超音速機の空気取り入れ口と全圧損失

流体を利用する機械において流れの全圧損失，すなわちエントロピーの増加は小さくしたい．ジェットエンジンのように内部流を扱う場合は顕著にその影響が現れる．式 (6.1.23) をもとに，衝撃波角をパラメータにしてマッハ数に対する全圧損失の変化を示したものが図 6.5.1 である．これによると衝撃波角が小さくなるにつれて全圧損失が急減する．例えば，マッハ数 $M=3$ のとき，垂直衝撃波（$\beta = 90°$）では全圧損失が約 70 % に達するが，$\beta = 30°$ の斜め衝撃波を通過する流れでは 7 % とほぼ 1/10 に減少する．さらに図 6.5.1 から，マッハ数が小さくなると全圧損失は減少し，衝撃波角が大きいほどその傾向は顕著に現れる．

多くの航空機エンジンでは燃焼を亜音速で行っており，そのためには気流速度を亜音速に下げて燃焼室に導入する必要がある．燃焼室に効果的な空気導入をするには，全圧損失を低くして高効率の圧縮空気をつくる必要がある．上述の気流マッハ数と衝撃波角による全圧損失の特性から，垂直衝撃波 1 つを通

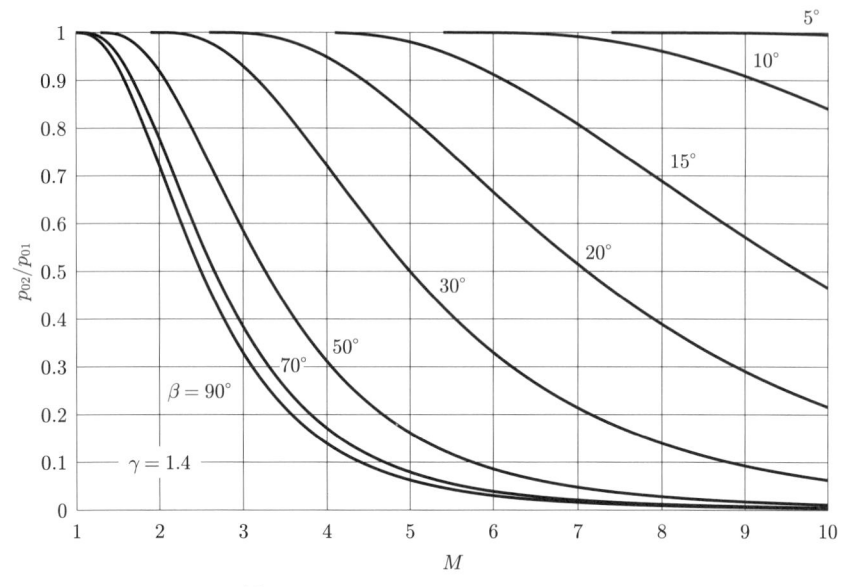

図 **6.5.1**　斜め衝撃波による全圧の減少

4-ショック・インテーク

図 **6.5.2**　超音速航空機のエンジン空気取り入れ口

して亜音速流として燃焼室に導入する方法では全圧損失が大きくなる．そこで図 6.5.2 に一例を示すように，斜め衝撃波をいくつか通過させながらマッハ数の減少と全圧損失を極力大きくしない方法がとられている．このほかにも多数の弱い圧縮波を通過させてつくる等エントロピー圧縮など種々の方法が考案されている．

演習問題

6.1 マッハ数 4 の気流を垂直衝撃波で減速するとき，衝撃波後方の流れのマッハ数，全圧損失およびエントロピーの増加はそれぞれいくらになるか求めよ．

6.2 マッハ数 4 の気流を，図 6.5.2 のように衝撃波角 $\beta = 20, 30, 50, 90°$ の 4 つの斜め衝撃波を通過させたとき，気流マッハ数，全圧損失，エントロピーの増加はいくらになるか求めよ．またこの結果を問 6.1 の結果と比較し超音速機のインテークとしての優劣について述べよ．

6.3 図 6.2.1 における $M_1 = \infty$ のとき，流れの最大偏角 $\theta_{\max}$ はいくらになるか求めよ．

6.4 平板に沿ってマッハ数 3 の流れがある．ここに衝撃波角 30° の入射衝撃波が入射している．このときの流れの様子を図示し説明せよ．

6.5 図 1 のような超音速機の空気取り入れ口がある．このとき最後の垂直衝撃波を通過した流れのマッハ数 M_4，全圧損失 p_{04}/p_{01} を求めよ．

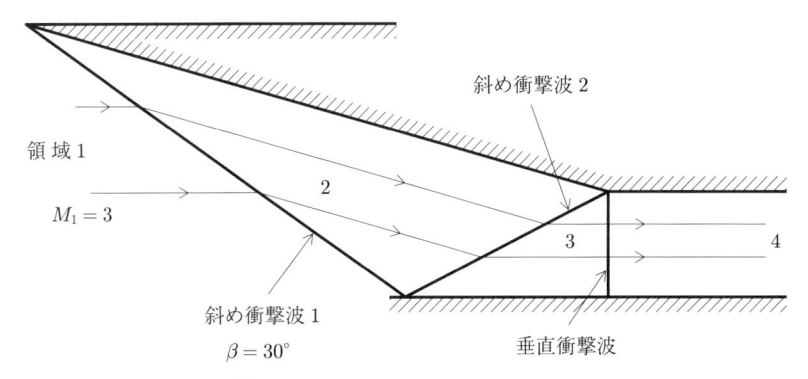

図 1 超音速機の空気取り入れ口概略

6.6 先端が尖った半無限平板の表面に沿うように上流から超音速の粘性流がきている．ここに浅い角度で斜め衝撃波が入射したとき，平板上で生じる流れの様子を想像しそのイメージ図を描け．

7

膨 張 波

　表面が緩やかに変化する曲面に沿って流れる超音速流を取り上げる．先に述べたとおり，平面に沿う一様な超音速流においては，流れのいたるところで流れと角度 $\beta = \sin^{-1}(1/M_1)$ をなすマッハ線やマッハ波が存在する．この波を通過する流れのエントロピーに変化はない．本章の緩やかな曲面に沿った超音速流についても，図7.0.1に示すように曲面の各点から延びて，その波の強さはマッハ波と同様に非常に小さく，その前後における流れは等エントロピー変化するものとして扱うことができる．これについて，波の強さ $(p_2 - p_1)/p_1 \equiv \varepsilon$ がきわめて小さいもの ($\varepsilon \ll 1$) とし，エントロピー変化を表す式 (4.4.1) の p_2/p_1 と ρ_2/ρ_1 をこの ε を用いて表し，$s_2 - s_1$ の大きさを評価すると $s_2 - s_1 \approx \varepsilon^3$ となる．このように波の強さ ε の3乗に比例するような非常に小さな変化であることを確かめることができる．

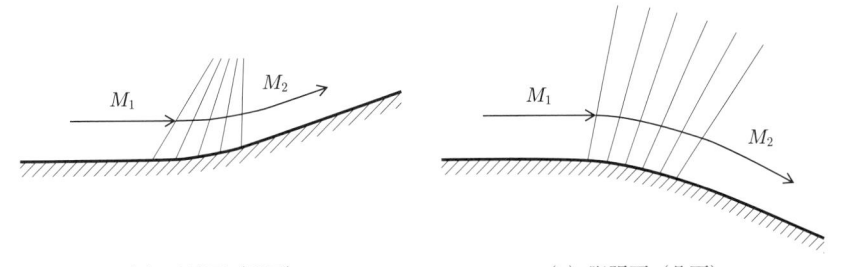

(a) 圧縮面（凹面）　　　　　　(b) 膨張面（凸面）

図 7.0.1　緩やかに変化する曲面に沿う超音速流

7.1 緩やかに変化する曲面に沿う超音速流

曲面が緩やかな凹面の場合，この非常に弱い波は圧縮波の性質をもつ．このようにある波が通過した際に，または流れの中に波が存在してこの波の後方で圧力が上昇するとき，この波を**圧縮波**（compression wave）という．また凹面のいたるところからこれら無数の非常に弱い圧縮波が集まると，図 7.1.1 に示すようにその包絡線上のある位置から衝撃波となって延びていく．これはちょうど最初と最後の弱い圧縮波の壁面をつなげた角をもつ凹面（圧縮コーナ）における流れと類似のものである．ただし，これは同じ角度の凹角面の角部から発生する斜め衝撃波に比べ，その強さは非常に小さい衝撃波となっている．

一方，曲面が凸壁面の場合，この一つひとつの弱い波の後方ではわずかに圧力が低下する．このような波を**膨張波**（expansion wave または**希薄波**：rarefaction wave）とよぶ．凸の曲壁面であるため，図 7.1.2 のようにこれらの波は曲壁面から離れるにつれて互いの距離が離れ，前述のように集合して圧力の不連続面を形成することはない．このような 2 つのケースについて，曲面に沿って等エントロピー的な変化をする超音速流に対し共通に成り立つ理論をみていこう．

このような流れは第 6 章の斜め衝撃波がきわめて弱い状態（図 7.1.3(a) で圧縮の性質をもつマッハ波）や，図 7.1.3(b) に示すような膨張の性質をもつマッハ波が連続的に続く場の流れとして扱うことができる．図 7.1.3(b) につ

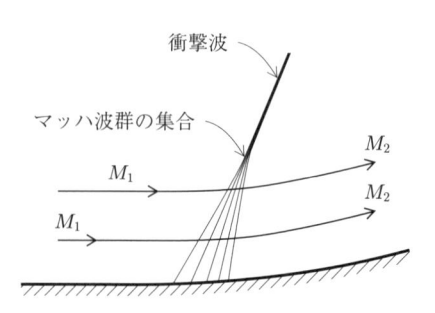

図 7.1.1 マッハ波群の集合による衝撃波の発生

7.1 緩やかに変化する曲面に沿う超音速流

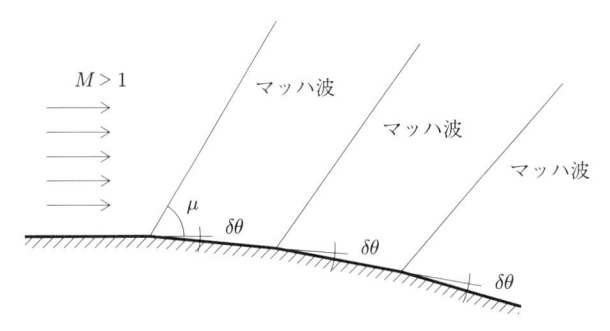

図 7.1.2 微小角 $d\theta$ の連続する膨張コーナーを過ぎる超音速流

いても，斜め衝撃波のときと同様にマッハ波を含む検査体積をとり，これに保存則を適用すると波面に対して接線方向の速度成分が保存されることがわかる．これらの流れの幾何学的構成をもとに，流れの偏角は非常に小さい（$|\theta| = |\delta\theta| \ll 1$）とする．また，波の流れに対する角度 β をマッハ角 μ に近いもの（$\beta = \mu + \varepsilon$, $|\varepsilon| \ll 1$）として扱う．なお，本節では θ は圧縮のとき正，膨張のとき負として，圧縮波と膨張波を統一的に取り扱うことにする（7.2 節では θ の定義を変更して膨張時に正とする）．

ここで $\delta\theta$ の値による波の性質を明らかにしておこう．式 (6.2.3) を $\theta = \delta\theta$ とおいて変形すると

$$M_1^2 \sin^2\beta - 1 = \frac{\gamma+1}{2} M_1^2 \frac{\sin\beta \sin\delta\theta}{\cos(\beta - \delta\theta)} \tag{7.1.1}$$

となる．ここで，$|\delta\theta| \ll 1$ および $\beta = \mu + \varepsilon$ ($\varepsilon \ll 1$) より $\tan\beta \approx \tan\mu = 1/\sqrt{M_1^2 - 1}$ を用いると，式 (7.1.1) は

$$M_1^2 \sin^2\beta - 1 \approx \frac{\gamma+1}{2} \frac{M_1^2}{\sqrt{M_1^2 - 1}} \delta\theta \tag{7.1.2}$$

となる．この式を式 (6.1.18) に代入すると

$$\frac{p_2}{p_1} - 1 = \frac{\delta p}{p_1} \approx \frac{\gamma M_1^2}{\sqrt{M_1^2 - 1}} \delta\theta \tag{7.1.3}$$

を得る．式 (7.1.3) からこの波を通過した後の圧力は，$\delta\theta > 0$ すなわち緩やか

7 膨張波

衝撃波 → マッハ波 $\theta \to \delta\theta,\quad 0 < \delta\theta \ll 1$
$\beta = \mu + \varepsilon,\quad \varepsilon \ll 1$

(a) 圧縮の性質をもつマッハ波   (b) 膨張の性質をもつマッハ波

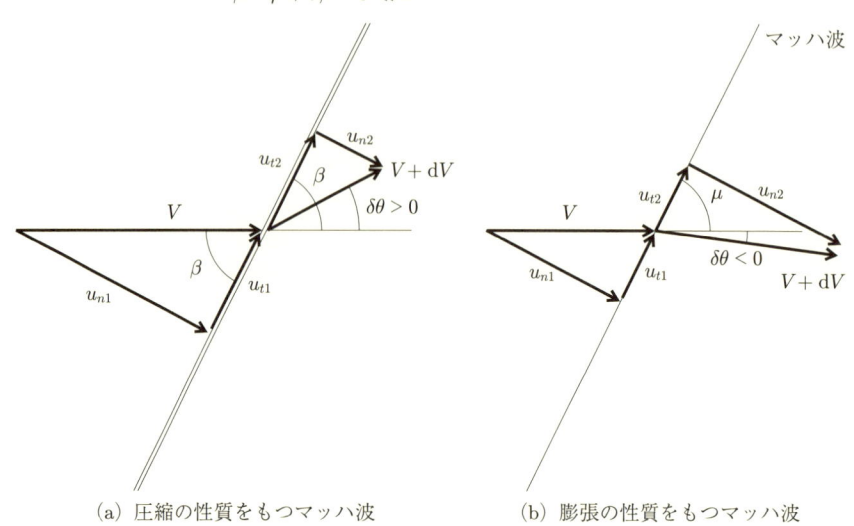

図 **7.1.3** マッハ波を通過するときの状態量変化

な凹曲面のとき圧力は徐々に増加し，逆に $\delta\theta < 0$ の凸壁面のとき圧力は減少する．

次に，この波を通過した後の速度の変化をみる．この波の前後における速度比は，図 7.1.3 で $u_{t1} = u_{t2}$ であることを考慮すると

$$\frac{(V+\mathrm{d}V)^2}{V^2} = \frac{u_{n2}^2 + u_{t2}^2}{u_{n1}^2 + u_{t1}^2} = \frac{\tan^2(\beta-\delta\theta)+1}{\tan^2\beta+1} = \frac{\cos^2\beta}{\cos^2(\beta-\delta\theta)} \quad (7.1.4)$$

となる．$\beta = \mu + \varepsilon\ (\varepsilon \ll 1)$ から，上式の $\cos^2\beta$ を上流側マッハ数 M_1 とマッハ波の角度 μ からの微小なずれ角 ε で表すと次の式 (7.1.5) となる．ただし ε^2 の項は小さいので省略している．

$$\cos^2\beta = 1 - \sin^2\beta \approx \frac{M_1^2-1}{M_1^2}\left(1 - \frac{2\varepsilon}{\sqrt{M_1^2-1}}\right) \quad (7.1.5)$$

$\cos^2(\beta-\delta\theta)$ についても同様に扱い式 (7.1.4) を整理すると

$$\frac{V+\mathrm{d}V}{V} - 1 = \frac{\mathrm{d}V}{V} \approx -\frac{\delta\theta}{\sqrt{M_1^2 - 1}} \tag{7.1.6}$$

を得る．この結果，波の前後における流速の変化は圧力とは逆に，$\delta\theta > 0$（緩やかな凹曲壁面）のとき速度は減速し，$\delta\theta < 0$（凸曲壁面）のとき増速する．

7.2 プラントル・マイヤー関数

前節のように，流れが等エントロピー的変化を受ける波を通過する超音速流れに対し，プラントル・マイヤー関数とよばれる大変便利な関数が定義されている．これは式 (7.1.6) をマッハ数で積分して得られる関数（後述の $\nu(M)$）で，式 (7.1.6) から $\nu(M)$ と流れの偏角 θ との間に単純な関係が成立する．このため実際の流れを理想気体の流れの変化から推算する上で便利な式となっている．

図 7.2.1(a) に示す緩やかな凸曲壁面を，角を有する凸壁面に置き換えると図 7.2.1(b) のようになる．上流からくる流れのマッハ数 M_1 に対応するマッハ波と下流側の壁面に沿う流れ（マッハ数 M_2）のマッハ波の様子は，図 7.2.1(a) の緩やかな曲面における上流側の始まりと下流側の偏向終わりの状態と同じになる．このことは図 7.2.1(b) の中に 1 つの流線を描き，それを壁面に置き換えると理解できる．図 7.2.1(b) に示す扇状の超音速流れの膨張は**プラントル・マイヤー膨張扇**（Prandtl-Meyer expansion fan）とか，単に**膨張扇**（expansion fan），**有心膨張波**（centered expansion wave）などとよばれている．

図 7.0.1 や図 7.2.1 に示すような等エントロピー的変化をする流れの偏角 θ と速度 V の関係は式 (7.1.6) で表された．なお，図 7.2.1(b) で示された膨張扇の要の位置では等エントロピー変化が無限に集中しているため，この角部 1 点における流れは等エントロピー変化とはならない．以下では，凸曲壁を過ぎる膨張流れを取り扱うので，θ の正の方向を時計回りにとるものとする．このとき，式 (7.1.6) を

7 膨張波

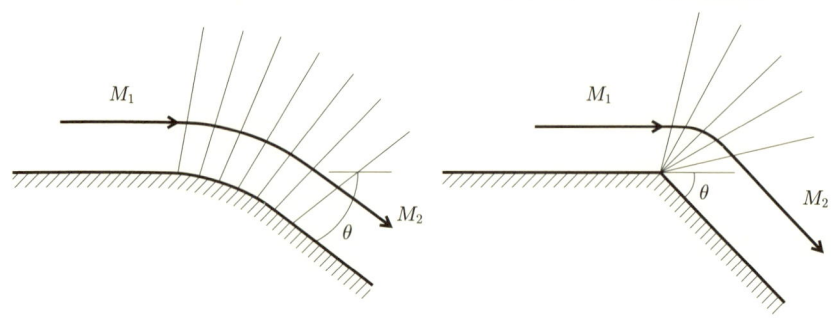

(a) 凸曲壁の流れ (b) 凸角を曲がる流れ

図 **7.2.1**　凸壁面を過ぎる超音速流れ

$$\frac{dV}{V} = \frac{\delta\theta}{\sqrt{M_1^2 - 1}}$$

と書き直す．上式を等エントロピー的変化をする1つの波において，上流側を意味する添字1を省略し，そのマッハ数を M に置き換えると

$$d\theta = \sqrt{M^2 - 1}\,\frac{dV}{V} \tag{7.2.1}$$

となる．右辺の積分は流速 V とマッハ数 M で表されるが，両者は独立ではないため，以下に示すように V を M で表現し，被積分関数をマッハ数の関数とした形式に書き改める．

流速とマッハ数の関係，および等エントロピー流れの関係式から次の2式が成り立つ．

$$V = aM \tag{7.2.2}$$

$$\frac{T_0}{T} = \frac{a_0^2}{a^2} = 1 + \frac{\gamma - 1}{2}M^2 \tag{7.2.3}$$

ここで，添字0は流れを等エントロピー的にせき止めた速度0の状態（**貯気槽状態**とか**よどみ点状態**とよぶ）を表す．この2式から dV/V はマッハ数 M の関数として

$$\frac{\mathrm{d}V}{V} = \frac{\mathrm{d}M}{M} + \frac{\mathrm{d}a}{a} = \frac{1}{1+\frac{\gamma-1}{2}M^2}\frac{\mathrm{d}M}{M} \tag{7.2.4}$$

となる．上式を式 (7.2.1) に代入すると

$$\int \mathrm{d}\theta = \int \frac{\sqrt{M^2-1}}{1+\frac{\gamma-1}{2}M^2}\frac{\mathrm{d}M}{M} \tag{7.2.5}$$

を得る．式 (7.2.5) の右辺積分は原始関数 $\nu(M)$ が存在して，

$$\begin{aligned}\nu(M) &\equiv \int \frac{\sqrt{M^2-1}}{1+\frac{\gamma-1}{2}M^2}\frac{\mathrm{d}M}{M} \\ &= \sqrt{\frac{\gamma+1}{\gamma-1}}\tan^{-1}\sqrt{\frac{\gamma-1}{\gamma+1}(M^2-1)} - \tan^{-1}\sqrt{M^2-1}\end{aligned} \tag{7.2.6}$$

で与えられる．この式はラジアン表記で，積分定数 は $\nu(M=1)=0$ を満たすように定めた．この結果，上流からマッハ数 M_1 の超音速流が来て，角度 θ の曲壁に沿って流れ（流れの偏角も θ となる），マッハ数 M_2 で流れ去る状態は次式のように表現できる．

$$\int_0^\theta \mathrm{d}\theta = \theta = \int_{M_1}^{M_2} \frac{\sqrt{M^2-1}}{1+\frac{\gamma-1}{2}M^2}\frac{\mathrm{d}M}{M} = \nu(M_2) - \nu(M_1) \tag{7.2.7}$$

式 (7.2.7) の関係から，等エントロピー的に変化をする超音速流れ，例えばプラントル・マイヤー膨張する流れにおいて，上流側マッハ数 M_1 と流れの偏角 θ が与えられると，下流側マッハ数 M_2 がわかる．そこで $\nu(M)$ を代表的なマッハ数について計算した結果を表 7.2.1 に掲載している．表の $\nu(M)$ はラジアンから度数に変換されている．

7.3　プラントル・マイヤー膨張の限界

プラントル・マイヤー膨張する流れについて式 (7.2.7) が成り立つことをみた．上流側マッハ数 M_1 に対するプラントル・マイヤー関数の変化を図 7.3.1 に示す．また $M \to \infty$ の極限では式 (7.2.6) から $\nu(M)$ の最大値が次式で与えられる．

表 7.2.1 プラントル・マイヤー関数 ν ($\gamma = 1.4$)

M	ν [deg]	M	ν [deg]	M	ν [deg]	M	ν [deg]	M	ν [deg]
1.0	0.00	5.5	81.24	10.0	102.32	32.5	121.65	55.0	125.25
1.1	1.34	5.6	82.03	10.5	103.61	33.0	121.79	56.0	125.34
1.2	3.56	5.7	82.80	11.0	104.80	33.5	121.92	57.0	125.43
1.3	6.17	5.8	83.54	11.5	105.88	34.0	122.04	58.0	125.52
1.4	8.99	5.9	84.26	12.0	106.88	34.5	122.16	59.0	125.60
1.5	11.91	6.0	84.96	12.5	107.80	35.0	122.28	60.0	125.68
1.6	14.86	6.1	85.63	13.0	108.65	35.5	122.40	61.0	125.76
1.7	17.81	6.2	86.29	13.5	109.44	36.0	122.51	62.0	125.84
1.8	20.73	6.3	86.94	14.0	110.18	36.5	122.62	63.0	125.91
1.9	23.59	6.4	87.56	14.5	110.87	37.0	122.72	64.0	125.98
2.0	26.38	6.5	88.17	15.0	111.51	37.5	122.82	65.0	126.05
2.1	29.10	6.6	88.76	15.5	112.11	38.0	122.92	66.0	126.12
2.2	31.73	6.7	89.33	16.0	112.68	38.5	123.02	67.0	126.18
2.3	34.28	6.8	89.89	16.5	113.21	39.0	123.12	68.0	126.24
2.4	36.75	6.9	90.44	17.0	113.71	39.5	123.21	69.0	126.30
2.5	39.12	7.0	90.97	17.5	114.18	40.0	123.30	70.0	126.36
2.6	41.41	7.1	91.49	18.0	114.63	40.5	123.39	71.0	126.42
2.7	43.62	7.2	92.00	18.5	115.05	41.0	123.47	72.0	126.48
2.8	45.75	7.3	92.49	19.0	115.45	41.5	123.56	73.0	126.53
2.9	47.79	7.4	92.97	19.5	115.83	42.0	123.64	74.0	126.58
3.0	49.76	7.5	93.44	20.0	116.20	42.5	123.72	75.0	126.64
3.1	51.65	7.6	93.90	20.5	116.54	43.0	123.80	76.0	126.69
3.2	53.47	7.7	94.34	21.0	116.87	43.5	123.87	77.0	126.73
3.3	55.22	7.8	94.78	21.5	117.18	44.0	123.95	78.0	126.78
3.4	56.91	7.9	95.21	22.0	117.48	44.5	124.02	79.0	126.83
3.5	58.53	8.0	95.62	22.5	117.77	45.0	124.09	80.0	126.87
3.6	60.09	8.1	96.03	23.0	118.04	45.5	124.16	81.0	126.92
3.7	61.60	8.2	96.43	23.5	118.30	46.0	124.23	82.0	126.96
3.8	63.04	8.3	96.82	24.0	118.56	46.5	124.30	83.0	127.00
3.9	64.44	8.4	97.20	24.5	118.80	47.0	124.36	84.0	127.04
4.0	65.78	8.5	97.57	25.0	119.03	47.5	124.43	85.0	127.08
4.1	67.08	8.6	97.94	25.5	119.25	48.0	124.49	86.0	127.12
4.2	68.33	8.7	98.29	26.0	119.47	48.5	124.55	87.0	127.16
4.3	69.54	8.8	98.64	26.5	119.67	49.0	124.61	88.0	127.20
4.4	70.71	8.9	98.98	27.0	119.87	49.5	124.67	89.0	127.24
4.5	71.83	9.0	99.32	27.5	120.06	50.0	124.73	90.0	127.27
4.6	72.92	9.1	99.65	28.0	120.25	50.5	124.79	91.0	127.31
4.7	73.97	9.2	99.97	28.5	120.42	51.0	124.84	92.0	127.34
4.8	74.99	9.3	100.28	29.0	120.60	51.5	124.90	93.0	127.37
4.9	75.97	9.4	100.59	29.5	120.76	52.0	124.95	94.0	127.41
5.0	76.92	9.5	100.89	30.0	120.92	52.5	125.00	95.0	127.44
5.1	77.84	9.6	101.19	30.5	121.08	53.0	125.05	96.0	127.47
5.2	78.73	9.7	101.48	31.0	121.23	53.5	125.10	97.0	127.50
5.3	79.60	9.8	101.76	31.5	121.38	54.0	125.15	98.0	127.53
5.4	80.43	9.9	102.04	32.0	121.52	54.5	125.20	99.0	127.56
								100.0	127.59

$$\nu_{\max} = \frac{\pi}{2}\left(\sqrt{\frac{\gamma+1}{\gamma-1}} - 1\right) \tag{7.3.1}$$

このことから上流側マッハ数 M_1 が与えられたとき，この流れが式 (7.2.7) に従って偏向できる凸壁面の最大角度 θ には限界があることがわかる．この最大の偏角は下流側マッハ数が $M_2 = \infty$ になるときである．また θ がもっとも大きくなるのは $\nu(M_1) = 0$，すなわち $M_1 = 1$ のときで，そのプラントル・マイヤー関数は式 (7.3.1) で与えられる．式 (7.3.1) から流れが 2 原子分子気体のとき ($\gamma = 1.4$)，この流れの最大偏角は $\theta_{\max} = 2.277$ ラジアン (130.45°) となる．一方，上流からマッハ数 M_1 でくる流れの最大の偏角（凸壁の角度）は $\nu(M=\infty)_{\max} - \nu(M_1)$ となる．

前節と本節から，プラントル・マイヤー関数を図 7.3.2 のように理解することができる．流れが水平面に沿ってマッハ数 1 で入ってきて，角を曲がりながら増速していく．図中には代表的なマッハ数 $M = 1.5$, 2, 3, 4, 5, 10, ∞ になるときの流れの方向，したがって後半の壁の各方向 (b → c, d, e, f, g, h, i) と，それぞれに対応するマッハ波 μ_M (M はマッハ数を示す) が示してある．この図から，例えば上流から $M = 1.5$ の流れがやってきて，凸

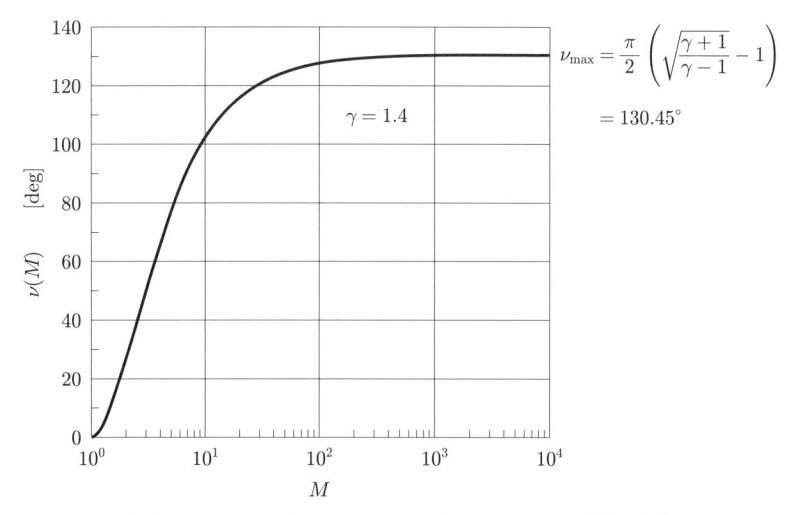

図 **7.3.1** マッハ数によるプラントル・マイヤー関数の変化

角壁を曲がって $M = 3$ で流れ去る様子は，図7.3.3のように捉えることができる．これはcb点の延長線上のc′点，角部b点，そして $M = 3$ となる流れ（壁）の方向のe点を結ぶ凸角壁を過ぎる流れを意味する．この関係が式(7.2.7)である．

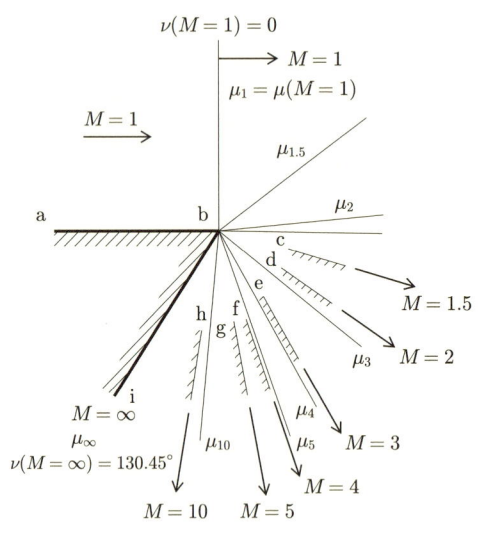

図 7.3.2 プラントル・マイヤー関数の解釈

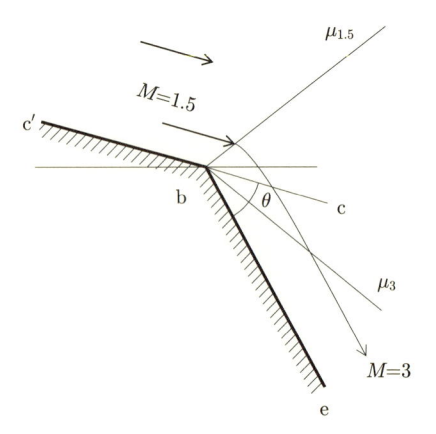

図 7.3.3 $M_1 = 1.5$ から $M_2 = 3$ のプラントル・マイヤー膨張流

演習問題

7.1 図 7.1.3 に示すマッハ波による圧力増分を $(p_2 - p_1)/p_1 = \varepsilon$ とし，$s_2 - s_1$ の大きさを評価すると，$s_2 - s_1 \approx \varepsilon^3$ となることを示せ．また，$s_2 - s_1 \simeq (\delta\theta)^3$ となることを示せ．

7.2 壁面が緩やかに変化する凹曲面のとき，曲面から延びる弱い圧縮波の集合によってできる衝撃波の強さは（図 7.1.1），最初と最後の弱い圧縮波の壁面を直接つなげた角をもつ凹角面から発生する斜め衝撃波の強さに比べ弱いことを説明せよ．

7.3 式 (6.2.3) から式 (7.1.1) となることを示せ．

7.4 式 (7.1.5) となることを示せ．

7.5 式 (7.2.4) および式 (7.2.5) となることを示せ．

7.6 $\nu(M)$ が式 (7.2.6) になることを次の手順に従って示せ．
(1) エネルギー保存則から次式となることを示せ．
$$\frac{\gamma - 1}{\gamma + 1}\cos^2 \mu + \sin^2 \mu = \frac{a_*^2}{V^2} \quad \text{ただし} \sin \mu = \frac{1}{M}$$
(2) (1) の結果を利用し，次式となることを示せ．
$$\sqrt{M^2 - 1}\frac{\mathrm{d}V}{V} = \frac{b^2 - 1}{b^2 + \tan^2 \mu}\mathrm{d}\mu \quad \text{ただし} b^2 = \frac{\gamma - 1}{\gamma + 1}$$
(3) (2) を積分して式 (7.2.6) を求めよ．ここで c, d は定数として
$$\int \frac{\mathrm{d}x}{c\tan^2 x + d} = \frac{1}{d - c}\left[x - \sqrt{\frac{c}{d}}\tan^{-1}\left(\sqrt{\frac{c}{d}}\tan x\right)\right]$$
となる．

7.7 問 7.6 とは別の手法として，次の手順に従ってプラントル・マイヤー関数

7 膨張波

式 (7.2.6) を導け.

(1) 図1(a) に示すように,プラントル・マイヤー膨張扇の要を極座標の原点とし,流れの領域を (1)〜(3) の3つの領域に分割する.(1) と (2) の境界および (2) と (3) の境界は,流れが膨張を開始および終了する地点である.したがって (1) と (3) の各領域では,速度ほか物理量はいたるところで一定となる.ここでプラントル・マイヤー膨張領域 (2) に対し質量および運動量の保存則を極座標表示 (r, ϕ) により示せ.ただし (r, ϕ) 方向の速度成分を (u, v) とする(図1(b)).

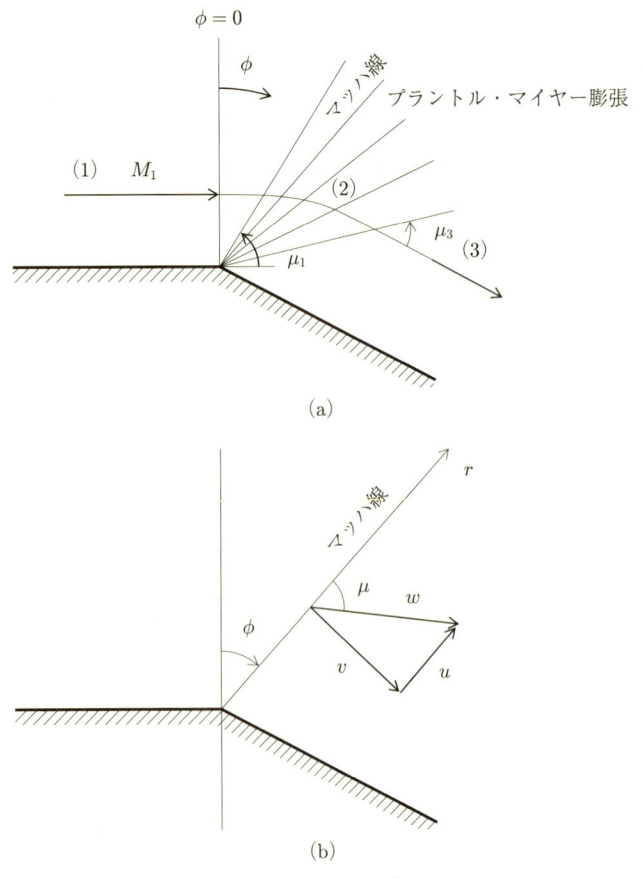

(a)

(b)

図1 プラントル・マイヤー関数を導出するための補足図

(2) 領域 (1) と (3) の物理量が一定であることから，領域 (1) と (2) および (2) と (3) の境界においても半径方向には一定であり，領域 (2) についても r 方向には一定で，ϕ 方向にのみ変化すると考えてよい．これを利用して領域 (2) の ϕ 方向速度は $v = \mathrm{d}u/\mathrm{d}\phi = a$（音速）となることを示せ．

(3) 領域 (2) では各マッハ線を横切る流れが等エントロピー変化するので，エネルギー保存則 $\left(\dfrac{1}{2}w^2 + h = h_0 = \dfrac{1}{2}w_{\max}^2 = \dfrac{1}{2}u_{\max}^2\right)$ を適用すると次式が成り立つことを示せ．ただし $u_{\max}$ は $v(=a)=0$ と仮定したときの速度 u を意味する．

$$\frac{\gamma+1}{\gamma-1}\left(\frac{\mathrm{d}u}{\mathrm{d}\phi}\right)^2 + u^2 = u_{\max}^2$$

(4) これより u, v を $u_{\max}$, ϕ, γ で表せ．ただし，$\phi = 0$ で $u = 0$ とする（図 1）．さらに M^2 を求める式を求め，これを使って ϕ を M^2 と γ を用いて表せ．

(5) $\phi = 0$ で $M = 1$（すなわち図 1 の $M_1 = 1$, $\mu = 90°$）のときからの流れのふれ角を ν としてプラントル・マイヤー関数 $\nu(M)$ を求めよ．

7.8 2 原子分子からなる気流が上流からマッハ数 $M = 5$ でやってきたとき，プラントル・マイヤー膨張によってその方向を偏向する最大角を求めよ．

7.9 図 2 に示すような頂角 $\theta = 50°$ の 2 次元ひし形翼が $M_1 = 3$ の超音速流中に置かれている．この物体にかかる揚力と抵抗の有無について流れの様子を図示し論ぜよ．揚力や抵抗が働くとき，上流の揚力と圧力を $p_1 = 1$ として揚力係数 c_l および抵抗係数 c_d を求めよ．

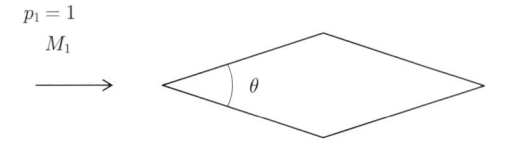

図 2　超音速流中のひし形に作用する抗力

7.10 上記 7.9 の 2 次元ひし形翼が，流れに対し迎え角 $\alpha = 5°$ をなすときの揚

力係数 c_l と抗力係数 c_d を求めよ．

7.11 図 3 に示すように，コード長 $l = 1.8\,\mathrm{m}$ の 2 次元平板翼が迎え角 $\alpha = 20°$ で $M_1 = 2$ の超音速流中に置かれている．一様流の圧力を $p_1 = 13\,\mathrm{kPa}$ とするとき，この翼に働くスパン長（$0.9\,\mathrm{m}$）当たりの揚力 L と抗力 D，また揚力係数 c_l と抗力係数 c_d を求めよ．

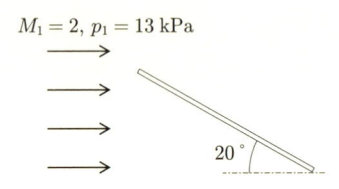

図 3 　超音速流中の 2 次元平板翼

8

ノズル流れ

外部とエネルギーの流出入がなければ，エネルギー保存則から流体がもつエネルギーすなわち熱力学的エネルギー（エンタルピー）と運動エネルギーの和は定常流れ場に対して一定となる．この熱力学的エネルギーを運動エネルギーに変換する役割をする管を**ノズル**（nozzle）とよび，逆の作用をする管を**ディフューザ**（diffuser）とよぶ．気流の温度変化が小さいとき，この熱力学的エネルギーのうち圧力エネルギーと運動エネルギーの交換が主流となる．本章では主としてノズルで加速する理想流体の振る舞いについてみていく．章の後半では，衝撃波を管の内部に発生し，それが管内を進行するときの気体特性を調べる実験装置（これを**衝撃波管**（shock tube）とよぶ）についてみる．またこの進行衝撃波の反射後に発生する高エンタルピー気体（高温，高圧気体）を利用し，超音速流れを発生する装置（**衝撃風洞**（shock tunnel）とよばれる）についてふれる．

8.1 微分関係式と準 1 次元流れの仮定

管内の流れの変化をみるにあたり，準 1 次元の仮定をした流れを扱うことは，その特性を理解する上で有用な方法である．**準 1 次元流れ**とは，図 8.1.1 に示すように断面積が緩やかに変化する管に沿った空間 1 次元（本章では x 軸とする）の流れである．非定常流れの場合，流速は $u(x,t)$，流れの状態量は圧力 $p(x,t)$，密度 $\rho(x,t)$，温度 $T(x,t)$ などと表される．管の流路断面積は $A(x,t)$ となるが，時間的に管断面積が変化しなければ $A(x)$ となる．これは任意の管断面において，流れが x 軸方向のみの平行流で，かつその断面内のいたるところで x 方向に同じ速さで流れていることを意味する．

8 ノズル流れ

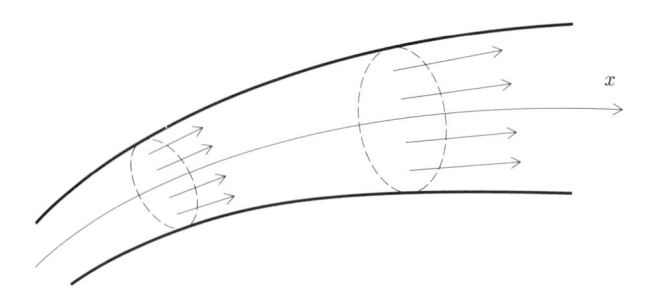

図 8.1.1 準1次元流れ

　準1次元流れの関係式を求めるために，本節では積分形の保存則を適用してノズル流れに対する微分関係式の導出を行う．図 8.1.2 に示すノズルに対して保存則を求めよう．検査体積の左辺と右辺にあたる断面には準1次元流れの仮定を適用する．すなわち，両断面内の物理量はそれぞれ一定である．また，y 方向の速度成分を0とする．一方，上壁面と下壁面では壁面に沿って流れるために流体の流出入はないと仮定する．任意の断面においても準1次元流れに従って流動するという仮定と矛盾するが，上壁面と下壁面を横切る流れが存在しない仮定は必要である．

　最初に質量保存則を考える．上辺と底辺が壁面であることから，定常流れ場では

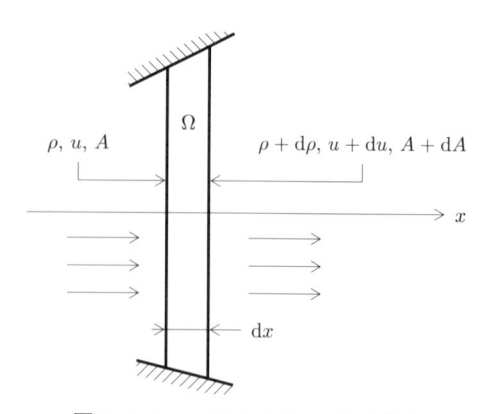

図 8.1.2 ノズル内にとった検査体積

が成り立つ．これより $\rho u A = $ 一定 で除して，

$$\frac{\mathrm{d}\rho}{\rho} + \frac{\mathrm{d}u}{u} + \frac{\mathrm{d}A}{A} = 0 \tag{8.1.1}$$

を得る．

次に x 方向の運動量保存則を考える．検査体積の上辺と下辺では移流による運動量の出入りはないが，圧力の積分が残る．この項は

$$\int_{\text{side wall}} p n_x \mathrm{d}S = -\left(p + \frac{\mathrm{d}p}{2}\right) \mathrm{d}A$$

となる．ただし，壁面の圧力分布を台形公式で近似するとともに $n_x \mathrm{d}S = -\mathrm{d}A$ を用いた．これより次式を得る．

$$\{(\rho + \mathrm{d}\rho)(u + \mathrm{d}u)^2 + (p + \mathrm{d}p)\}(A + \mathrm{d}A) - (\rho u^2 + p)A - \left(p + \frac{\mathrm{d}p}{2}\right)\mathrm{d}A = 0$$

式 (8.1.1) を用いると上式は次式となる．

$$\rho u \mathrm{d}u + \mathrm{d}p = 0 \tag{8.1.2}$$

最後にエネルギー保存則を考える．全エンタルピーで書き換えると，

$$(\rho + \mathrm{d}\rho)(H + \mathrm{d}H)(u + \mathrm{d}u)(A + \mathrm{d}A) - \rho H u A = 0$$

となり，式 (8.1.1) を用いると次式となる．

$$\mathrm{d}H = 0 \tag{8.1.3}$$

8.2 ノズル断面積と流速の関係

ノズル内流れが等エントロピー流と仮定すると，式 (8.1.2) より

$$\frac{\mathrm{d}p}{\rho} + u\mathrm{d}u = \left(\frac{\mathrm{d}p}{\mathrm{d}\rho}\right)_s \frac{\mathrm{d}\rho}{\rho} + u\mathrm{d}u = \frac{a^2 \mathrm{d}\rho}{\rho} + u\mathrm{d}u = 0$$

となる．これを式 (8.1.1) に代入すると次式を得る．

$$(1-M^2)\frac{\mathrm{d}u}{u} + \frac{\mathrm{d}A}{A} = 0 \tag{8.2.1}$$

式 (8.2.1) から次のことがわかる.

a. 亜音速流（$0 < M < 1$）のとき

管の断面積が縮小（$\mathrm{d}A < 0$）すると速度は増加（$\mathrm{d}u > 0$）し，逆に管が拡大すると減少する．これは式 (8.2.1) のマッハ数が 0 となる非圧縮性流体についても同じことがいえる．

b. 超音速流（$M > 1$）のとき

管の断面積が縮小（$\mathrm{d}A < 0$）すると速度も減少（$\mathrm{d}u < 0$）し，拡大すると速度は増加する．これより，超音速流の場合，速度を増すには管断面積を大きくしていく必要がある．

c. 音速（$M = 1$）のとき

式 (8.2.1) から管断面積の変化率が 0，したがって管断面積は極小値か極大値をとることを示している．逆に管断面積の変化率が 0 のとき，式 (8.2.1) より $M = 1$，あるいは $\mathrm{d}u = 0$ となる．すなわち，音速状態になる，流速の変化が生じない，あるいは両者が同時に成立することになる．

8.3 貯気槽から流出する種々の流れ

前節で述べたように，亜音速流れにおいて流速を上げるには管断面積を小さくし，逆に超音速流をさらに増速するには管断面積を大きくすればよい．そこで図 8.3.1(a) に示すように貯気槽からの気流を増速するには，亜音速流から始まるので前半は管断面積を徐々に減少し，音速を超えた後は断面積を拡大する管形状にする．このようなノズルをその発見者の名前（Carl G.P. De Laval, 1845-1913）にちなんで**ラバールノズル**（Laval nozzle），このほか**中細ノズル**などとよばれる．図 8.3.1(a) で貯気槽にあたる前半部が破線で書かれているのは，他の部分に比べ非常に大きいこと（$u_0 = 0$）を表している．

図 8.3.1(a) のように貯気槽から気流をつくる場合，貯気槽圧力 p_0 とノズル出口部の周囲気体の圧力 p_a（**雰囲気圧力**（ambient pressure）とよぶ）によって，ノズル内の流れやノズル出口からの噴流（ジェット）にはさまざまな現

8.3 貯気槽から流出する種々の流れ　113

(a) 貯気槽接続したラバールノズル

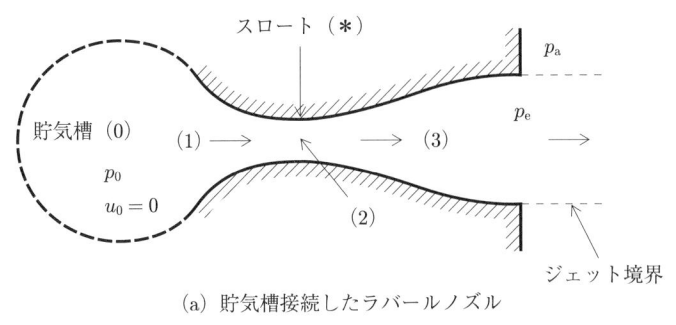

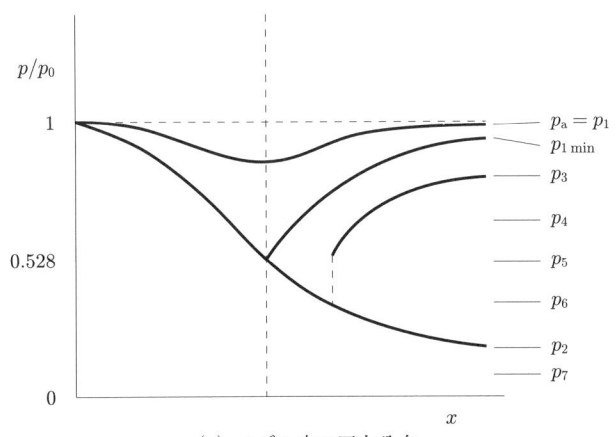

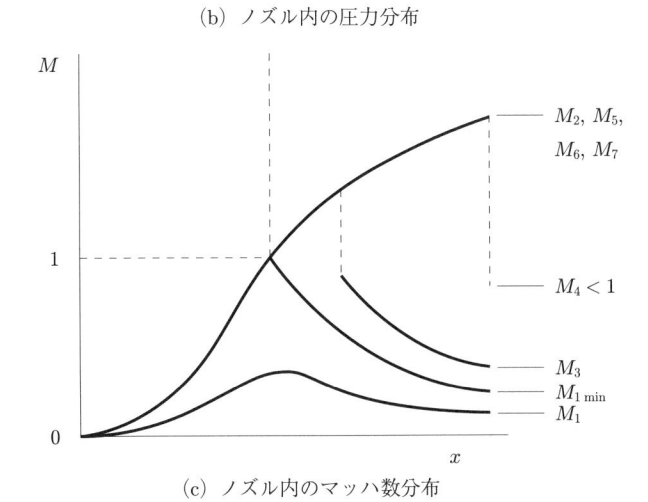

(b) ノズル内の圧力分布

(c) ノズル内のマッハ数分布

図 **8.3.1**　貯気槽から流出する種々の流れ

象が現れる．以下では，ある一定の貯気槽圧力（よどみ点圧力）p_0 に対し p_a がいろいろな値をとるときの流れについてみてみよう（図 8.3.1(b)，図 8.3.1(c) 参照）．

8.3.1 等エントロピーの亜音速流れ

理想流体を対象としているため，流れは基本的に等エントロピー変化を考えてよい．ただし貯気槽圧力 p_0 と雰囲気圧力 p_a によってこの流れが破綻する．この状況は，後述するように流れ場の中に衝撃波が発生してエントロピーの増加を伴うためである．また貯気槽から流れを発生させるためには，$p_0 > p_a$ であることが必要となる．ここで，p_0 に対し p_a が図 8.3.1(b) に示す p_1 のように両者の圧力差が小さいとき，図 8.3.2 のようにラバールノズルの管断面積が最小となる位置（記号 *）（ここを**ノズル喉部**，または単にのど，**スロート：throat** とよぶ）に向かって，貯気槽 (0) からの流れは徐々に流速が上昇し (1)，スロートで最大となる (2)．その後は管断面積の増加に伴い減速していく (3)．したがって，管後半部の流体への作用はディフューザとなる．

p_a が p_1 から少し下がって図 8.3.1(b) に示す $p_a = p_{1\min}$ のとき，喉部で流速は音速（$M = 1$）となるが，管の拡大部で再び亜音速流として減速していく．これら 2 つのケースとも，管内のいたるところで流れは等エントロピー変化する．

8.3.2 等エントロピーの超音速流れ

ラバールノズル全域で流れが等エントロピー変化をし，流速が常に増加し続ける状態である．図 8.3.1(b) のノズル出口部での圧力が雰囲気圧力と等しくなる圧力 p_2 のとき（$p_a = p_2$），流れはいたるところでなめらかに（エントロピーの増大がなく）流れる（図 8.3.3）．貯気槽からスロートまでは亜音速流，管の拡大部では超音速流となる．この流れの状況を**適正膨張**（optimum expansion または correct expansion）という．

流れが等エントロピー変化をすれば，第 3 章で求めた等エントロピー流れの関係式がラバールノズル流れに適用できる．そこでこれらの式から，ラバールノズルに特有な部位（スロートと貯気槽）における物理量に対する任意位置

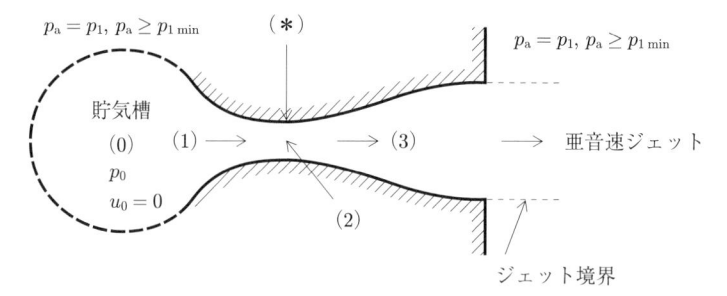

8.3 貯気槽から流出する種々の流れ 115

図 **8.3.2** 亜音速ジェット（等エントロピー流）

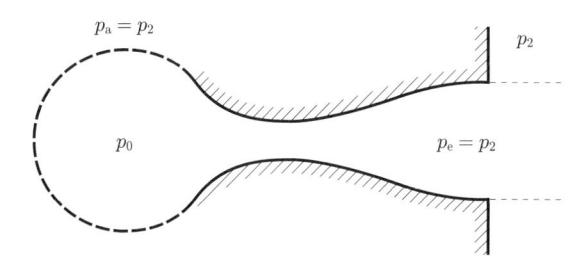

図 **8.3.3** 適正膨張の流れ（等エントロピーの超音速ジェット）

でのその値との比を以下に整理しておく．添字＊はスロート，0は貯気槽位置での値を表し，添字なしは任意断面における値を示す．

$$\frac{A}{A_*} = \frac{1}{M}\left\{\frac{2+(\gamma-1)M^2}{\gamma+1}\right\}^{\frac{\gamma+1}{2(\gamma-1)}} \tag{8.3.1}$$

$$\frac{\rho}{\rho_*} = \left\{\frac{\gamma+1}{2+(\gamma-1)M^2}\right\}^{\frac{1}{\gamma-1}} \tag{8.3.2}$$

$$\frac{p}{p_*} = \left\{\frac{\gamma+1}{2+(\gamma-1)M^2}\right\}^{\frac{\gamma}{\gamma-1}} \tag{8.3.3}$$

$$\frac{T}{T_*} = \frac{\gamma+1}{2+(\gamma-1)M^2} \tag{8.3.4}$$

8 ノズル流れ

$$\frac{u}{u_*} = \frac{\rho_* A_*}{\rho A} = M\left\{\frac{\gamma+1}{2+(\gamma-1)M^2}\right\}^{\frac{1}{2}} \quad (8.3.5)$$

$$\frac{\rho}{\rho_0} = \left(1+\frac{\gamma-1}{2}M^2\right)^{\frac{-1}{\gamma-1}} \quad (8.3.6)$$

$$\frac{p}{p_0} = \left(1+\frac{\gamma-1}{2}M^2\right)^{\frac{-\gamma}{\gamma-1}} \quad (8.3.7)$$

$$\frac{T}{T_0} = \left(1+\frac{\gamma-1}{2}M^2\right)^{-1} \quad (8.3.8)$$

ρ_*/ρ_0, p_*/p_0, および T_*/T_0 は上記の式から容易に求められ, 例えば p_*/p_0 は

$$\frac{p_*}{p_0} = \left(\frac{\gamma+1}{2}\right)^{\frac{-\gamma}{\gamma-1}}$$

となる. これより2原子分子気体（$\gamma = 1.4$）のとき, スロートで音速に達するときの圧力は $p_* = 0.5283 p_0$ となり, 貯気槽圧力の約 1/2 の値に減少する.

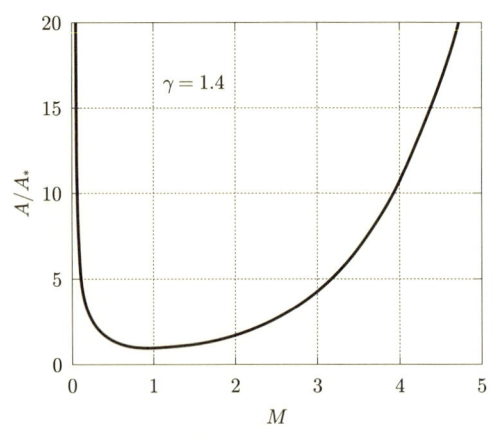

図 **8.3.4**　断面積とマッハ数の関係

ここで，スロートがもつ特性についてみておく．式 (8.3.1) をプロットにすると図 8.3.4 となる．この図より以下のことがわかる．まず，常に $A/A_* \geq 1$ となる．したがって，等エントロピー定常流れにおいてスロート位置で $M_* = 1$ となるノズル流れでは，スロートが最小のノズル断面積を与える．式 (8.3.1) を M について解くと，ノズル内局所マッハ数は局所断面積とスロート断面積の比の関数となる．このとき，図 8.3.4 より $A/A_* > 1$ に対して亜音速の解と超音速の解が存在する．どちらの解が実現されるかは境界条件（貯気槽とノズル出口部周囲気体の状態）によって決まる．

8.3.3 拡大管内部に垂直衝撃波を伴う流れ

雰囲気圧 p_a が $p_{1\min}$ と p_2 の間にあるとき（$p_2 < p_a < p_{1\min}$），以下に示すような種々の流れの状態が生じる．まず雰囲気圧力 p_a が図 8.3.1(b) に示す p_3 のように $p_{1\min}$ より少し低いとき，この場合はスロートで音速となりその後も流速が増加して超音速流が管内の一部で達成される．$p_3 > p_2$ のため，管拡大部の全域にわたって流速が上昇し続けることができない．そこで図 8.3.5 に示すように，ノズル拡大部に垂直衝撃波を形成し，その後方からノズル出口部の雰囲気圧力（$p_a = p_3$）に向かって等エントロピー変化して圧力回復する．完全気体としているため，衝撃波の厚さは 0 となる．

この衝撃波の位置については，次のようにして求めることができる．貯気槽から衝撃波直前の気流マッハ数 M_{1s} まで等エントロピー変化しながら加速し，圧力 p_{1s}，密度 ρ_{1s}，温度 T_{1s} などになる．この流れが垂直衝撃波の直後において，上流のマッハ数 M_{1s} による流れの垂直衝撃波前後の関係式（式

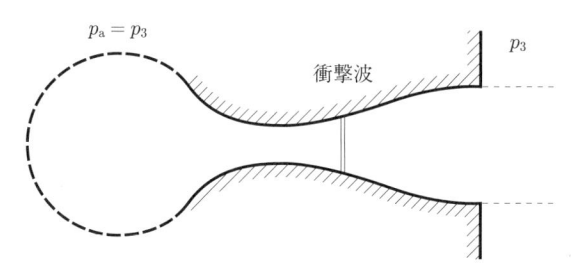

図 **8.3.5** ノズル内に垂直衝撃波を形成する流れ

(4.5.6)) からマッハ数 M_{2s} に減速し，物理量は圧力 p_{2s}，密度 ρ_{2s}，温度 T_{2s} などとなる．その後は再び等エントロピー変化してノズル出口の雰囲気圧力 $p_a\,(=p_3)$ につながる．これら3つの状況（添字 0～1s, 1s～2s, 2s～a = 3）をこれまでに得られた理論式にあてはめ，それを解くことによって衝撃波が立つ位置の管断面積にしたがってその位置がわかり，すべての領域の物理量が決定する．このようなノズル内に垂直衝撃波が発生する状況は，垂直衝撃波の位置がノズル出口に一致する圧力 p_4 まで続く．

ここで，衝撃波が発生する直前までのノズル上流部における流れに注目する．貯気槽からこの位置までは等エントロピーの流れになっている．したがってノズルスロートでは音速状態にあり，その速度は，$u_* = a_* = (\gamma R T_*)^{1/2} = (\gamma p_*/\rho_*)^{1/2}$ で表される．また式 (8.3.6)～(8.3.8) において $M=1$ とおくと，スロートでの物理量は貯気槽の気体の状態で一義的に決定する．この状態は前項の適正膨張の場合も同じであり，さらに以降の項における流れについてもスロートで流れが音速状態にあるため，この u_* は同じ値をとる．言い換えると，図 8.3.1(b) で $p_a \leq p_{1\min}$ のとき，雰囲気圧力の値にかかわらずスロートから上流ではいずれも同じ流れを示す．この流れを**凍結流**（frozen flow）とよび，またこれを**チョーク現象**（チョーキング）という．チョーク現象が発生しているノズル流れでは，質量流量 $\dot{m} = \rho_* u_* A_*$ はどれも同じ値をとり，またスロートでの断面積が最小であることから，ノズル断面における単位面積当たりの質量流量はこの位置で最大となる．

8.3.4 過膨張の流れ

雰囲気圧力が $p_4\,(>p_2)$ よりも下がると，ノズル内に垂直衝撃波をつくって対応できなくなるため，ノズル出口壁端から下流のジェット内側に向かって延びる斜め衝撃波を形成する．これにより雰囲気圧力と釣り合うように圧力上昇の場が形成され，この斜め衝撃波によってジェットの境界は内側に向く．この雰囲気圧力 p_a の値によってノズルの外側には2種類の流れ場が現れる．

1つは p_a があまり低くない場合で，雰囲気圧力が図 8.3.6 の p_5 の状態である．このとき斜め衝撃波の強さは後述する雰囲気圧力 $p_6\,(<p_5)$ のものに比べて強く，これは第6章の衝撃波の干渉におけるマッハ反射に相当する．そ

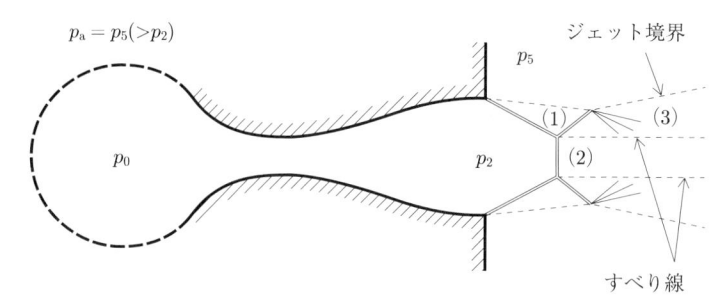

図 8.3.6 マッハディスクを形成する過膨張の流れ

のためマッハ反射の理論が適用でき，マッハステムにあたるこの垂直衝撃波は**マッハディスク**（Mach disc, 図 4.1.1(d)）とよばれる．ノズル出口以後の流れについてみると，ノズル出口の周囲気体は静止している．流体は理想気体を仮定しているので，ノズル出口部からのジェットと周囲気体の界面（ジェット境界）はすべり面となる．界面で圧力は等しく，ジェットはその圧力バランスを維持するように流れる．

このマッハ反射の反射衝撃波に相当する圧力波が界面に入射すると，この反射衝撃波後方で圧力が上昇する．このため p_a との圧力バランスによりこのジェット境界は外側に押し広げられる．この界面形状の凸化により衝撃波の入射地点直後から膨張波が図 8.3.6 に示すように発生する（プラントル・マイヤー膨張）．その後方では周囲気体と圧力がバランスする流れの状態が達成される．さらに下流になると膨張波の界面への入射が起こり，この圧力低下によって界面は内側に曲げられる．このため凹形状の界面が形成され圧縮波の発生につながる．なおノズル出口における超音速ジェットのマッハ数が音速に近いとき，この斜め衝撃波は後方で樽形状の衝撃波を形成する．この衝撃波はその形状から**樽型衝撃波**（barrel shock）とよばれる（図 4.1.1(c)）.

雰囲気圧力が p_5 よりもさらに下がると，上述のマッハディスクの大きさが小さくなり，この斜め衝撃波がマッハ反射から正常反射の衝撃波干渉状態を示す（図 8.3.7）．この状況の雰囲気圧力が図 8.3.1(b) では p_6 で示されている．この流れ場についても，第 6 章の正常反射の理論が適用でき，速度や圧力，温度といった各諸量を求めることができる．p_a が p_6 からさらに低くなるにつ

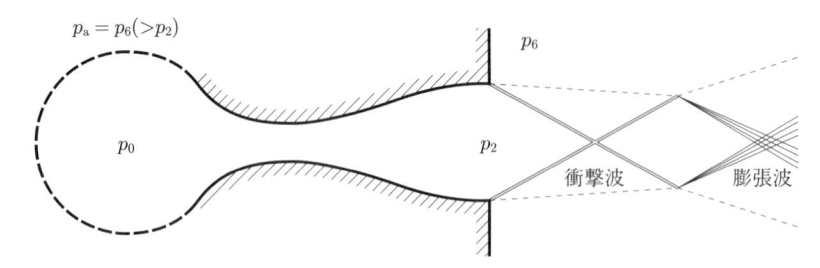

図 8.3.7　マッハディスクを形成しない過膨張の流れ

れ，斜め衝撃波の干渉点が後方に移動し，ついには無限遠方となり適正膨張の状態（$p_6 \to p_2$）にいたる（図 8.3.3）．以上の雰囲気圧力範囲（$p_2 < p_a < p_4$）において，流れはノズル出口部で周囲圧力よりも低下しておりこれは**過膨張**（over-expansion）とよばれる流れの状態を形成する．

8.3.5　不足膨張の流れ

周囲圧力が適正膨張の p_2 よりもさらに低くなると，流れはノズル内を等エントロピー変化して順調に圧力を低下する．ただしノズル出口で p_2 より低い雰囲気圧力に適合することが必要になる．そこでノズル出口壁面から，これまでの衝撃波に代わり膨張波を発して周囲圧力につながるようプラントル・マイヤー膨張する（図 8.3.8）．この膨張波の形成によりノズル出口の流れは外側に広がる．このときの圧力は図 8.3.1(b) の p_7 である．

この膨張波が反対側のジェット境界に到達すると，その位置の圧力が低下す

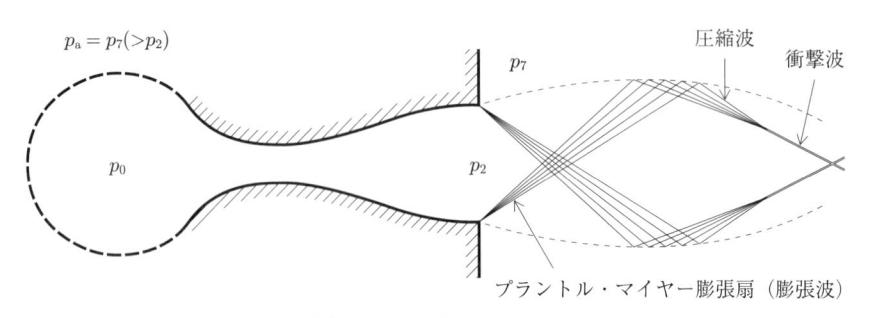

図 8.3.8　不足膨張の流れ

るためこのスリップ面は凹状の界面を形成する．したがって圧縮波が発生し，それが集合して斜め衝撃波の形成となる．このようなノズル内流れは，ノズル出口部で雰囲気圧力まで圧力低下が達成されておらず，**不足膨張**（under-expansion）の流れとよばれる．

8.4 衝撃波管と衝撃風洞

流れが衝撃波を通過すると，運動エネルギーの減少分が熱力学的エネルギーに変換されて高温，高圧になるため，気体はさまざまな振る舞いをする．例えば，惑星大気圏に突入する宇宙飛行体の前方部では高温，高圧，高密度の気体が生成される．このとき機体への熱的負荷は対流に比べ輻射が同程度かまたは卓越したものとなる．さらに熱的，化学的な非平衡状態が生じる．そのため特に強い衝撃波背後の高温気体は格好の研究対象となる．そこで**衝撃波管**（shock tube）とよばれる実験装置が考案され利用されてきた．本節ではこの衝撃波管による衝撃波の発生，およびその中を進行する衝撃波によって変化する気体の特性についてみる．また衝撃波管を応用した超音速気流の発生装置として活用されている**衝撃風洞**（shock tunnel）についてふれる．

8.4.1 衝撃波管における現象

衝撃波管の単純な構成例を図 8.4.1(a) に示す．断面積が一定の両端が閉じた管になっており，管の途中に隔膜や急開弁（短時間での開弁が可能なバルブ）を設置して，圧力の高い空間（高圧室）と低い空間（低圧室）に仕切る．

隔膜を針弁などの方法で破膜したり急開弁を開くなどすると，図 8.4.1(b) のように低圧室側に衝撃波が進行する．その後方には破膜前の高圧室と低圧室の気体界面（これを**接触面**：contact surface という）が先行する衝撃波より遅い速度で低圧室の中を進行する．一方，高圧室側へは低圧室の低い圧力情報が膨張波となって伝搬する．多くの場合，低圧室を進行する衝撃波後方の高エンタルピーの気流特性を調査の対象としているが，高圧室へ広がる膨張波の研究も行われる．前者は超音速飛行体が低圧室の静止気体中を衝撃波の進行速度で飛行するときの機体の鈍頭部前方に生じる垂直衝撃波背後の状況と同じである．

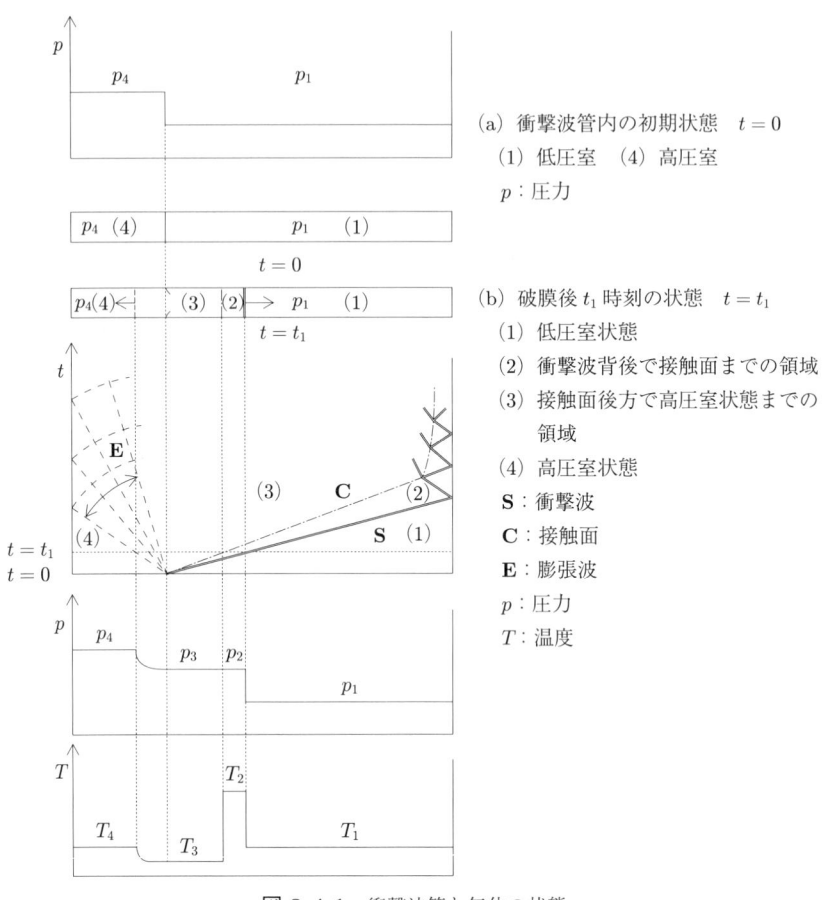

図 8.4.1 衝撃波管と気体の状態

以降では図 8.4.1(b) に示す破膜後の衝撃波管内部におけるそれぞれの領域について，気流速度やマッハ数，圧力，温度といった諸量がどのような状態になるかみる．またこれらは，最初に設定する低圧室 (1) と高圧室 (4) の状態から決まる．なお，図 8.4.1(b) には管右端で反射し戻ってくる反射衝撃波が後続の接触面と干渉し，接触面を通過するものと反射して管右端方向に戻る衝撃波となっている．この反射した衝撃波は再度，管右端で反射して接触面と干渉し，それが繰り返される様子が示されている．この管右端から戻ってきた衝撃波が接触面で反射する際，状況によっては衝撃波ではなく膨張波となって反射

8.4.2 衝撃波〜接触面の領域 (2) について

衝撃波後方で接触面との間の領域 (2) についてみる．これは図 8.4.1(b) に示すように，領域 (1) の静止気体中を垂直衝撃波がマッハ数 M_{s1} で進行する状況である．この M_{s1} は**衝撃マッハ数**（shock Mach number）とよばれる．便宜上つけた添字は s：衝撃波，1：領域 (1) を表し，M_{s1} は (1) の場の音速 (a_1) に対するマッハ数である．またその速度は $U_{s1} = a_1 M_{s1}$ となる．

第 4 章でみた垂直衝撃波前後の関係式が利用できるよう，衝撃波に立って流体場をながめると（ガリレイ変換）図 8.4.2 となる．前方から速度 U_{s1}（マッハ数 M_{s1}）で気流が流入し，垂直衝撃波を通過した後，速度 $U_{s1} - u_2$ に減速する．この u_2 は，静止気体中を衝撃波が通過することによって衝撃波背後で誘起された気体の速度である．なお隔膜とその破膜によって衝撃波が発生する状況は，隔膜の代わりに接触面のところにピストンを置き，そのピストンを速度 u_2 の速度（一定）で動かした場合にもこれと同じ現象が観察できる．

第 4 章でみたように衝撃波の上流側の物理量が既知であれば，衝撃マッハ数 M_{s1}（図 8.4.2 の気流マッハ数）がわかると，式 (4.3.8)〜(4.3.10)，式 (4.4.2)，式 (4.5.6)，式 (4.6.3) を使って，衝撃波後方のすべての物理量を求めることができる．ただしこの段階ではまだ M_{s1} は定まっていない．

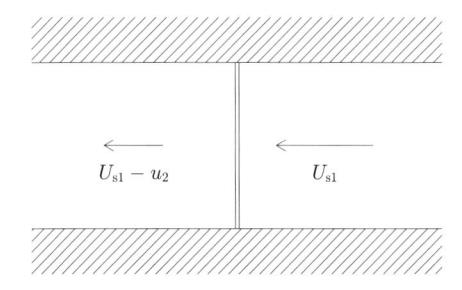

図 **8.4.2** 進行衝撃波に立って見た前後の気流速度

8.4.3 接触面〜膨張波先頭の領域 (3) について

a. 接触面の前後

接触面は初期に隔膜で仕切られた高圧側と低圧側の気体の界面にあたる．このため (3) の領域は物理的に界面を挟んで領域 (2) と均衡する圧力および気流速度をもち，次の 2 式が成り立つ．

$$p_3 = p_2 \tag{8.4.1}$$

$$u_3 = u_2 \tag{8.4.2}$$

b. 接触面〜膨張域後縁（領域 (3) の前方）

接触面の進行に伴い高圧室気体はこの領域の前部から前方に向けて移動を始め膨張する．この領域 (3) の前部は $p_3 = p_2 < p_4$ を保ちつつ，膨張によって温度を下げる（$T_3 < T_4$）．

c. 膨張域後縁〜膨張域先頭（領域 (3) の後方）

この領域は高圧室を膨張波が進行して形成したところで，この膨張波を介する変化となる．このため (3) と (4) の領域間で等エントロピー変化が成り立つ．後述するように，この膨張領域の流れの変化を使い低圧室を進行する衝撃マッハ数 M_{s1} を求めることになる．

領域 (3) と (4) 間で等エントロピー変化が成り立つため次式が成立し，気体も同種のもの（元は領域 (4) にあった気体で，比熱比およびガス定数は同じ）である．

$$\frac{p_4}{p_3} = \left(\frac{T_4}{T_3}\right)^{\frac{\gamma}{\gamma-1}} = \left(\frac{a_4}{a_3}\right)^{\frac{2\gamma}{\gamma-1}}, \quad (\gamma = \gamma_3 = \gamma_4) \tag{8.4.3}$$

図 8.4.1 に示すように，膨張領域は初期の隔膜位置を要とする x-t 平面上に扇状領域を形成する．また，扇状領域内部は初期隔膜位置（要の位置）から発する無数の直線群で構成される．この直線はそれぞれマッハ波であり，直線を図中の左から右に横切るとわずかに圧力が低下する膨張波である．それぞれの膨張波の伝播速度はドップラーシフトした音速 $\mathrm{d}x/\mathrm{d}t = u - a = \varphi$ で与えられる．膨張波は高圧領域に入射するので扇状領域の左端を膨張領域の前

縁とよぶ．この前縁の膨張波は静止した領域 (4) に入射することから，$\varphi_4 = u_4 - a_4 = -a_4$ を満たす．また，膨張領域の後縁では (3) の領域における膨張波に一致することから，伝播速度は $\varphi_3 = u_3 - a_3$ で与えられる．したがって，扇状の膨張領域に含まれる膨張波の伝播速度は

$$-a_4 \leq \varphi = u - a \leq u_3 - a_3 \tag{8.4.4}$$

を満たす[1]．

　例えば，式 (8.4.4) を満たす φ を決めると，対応する膨張波の波頭の軌跡が x-t 平面上の扇領域内の直線で与えられる．Δt 後の波頭の位置は $x_d + \varphi \Delta t$ で与えられる．ただし，x_d は初期の隔膜位置とする．波頭の位置はこれでわかるので，次に，例えば圧力の値を求めてみることにする．波頭位置で $u - a = \varphi$ である．また，扇状領域は等エントロピー流れ場であることから，波頭上で一定となるリーマン不変量 $Q = u + 2a/(\gamma - 1)$ が存在する（式 (5.3.7)）．このとき，

$$u + \frac{2a}{\gamma - 1} = u_4 + \frac{2a_4}{\gamma - 1} \tag{8.4.5}$$

が成り立つ．式 (8.4.4)（中央の式）と式 (8.4.5) を連立すると，

$$a = \frac{\gamma - 1}{\gamma + 1}\left(u_4 + \frac{2a_4}{\gamma - 1} - \varphi\right) \tag{8.4.6}$$

となる．式 (8.4.6) より波頭における音速が求められると，式 (8.4.3) より

$$\frac{\gamma p}{\rho} = a^2, \quad \frac{p}{\rho^\gamma} = \frac{p_4}{\rho_4^\gamma}$$

の 2 式を連立させれば波頭位置での圧力，密度が求められる．また，式 (8.4.4) より，ただちに波頭位置における流速 u を求めることができる．以上より，式 (8.4.4) を満たす φ に対して順次流れ場の諸量を求めることによってある時刻における膨張領域内の物理量分布を決めることができる．

---

[1] この時点では u_3, a_3 はいずれも未知数である．これらは次節以降，低圧室と高圧室の圧力比から順次求められることになる．

8.4.4 衝撃マッハ数 M_{s1} の決定

式 (8.4.3) を利用して領域 (1) と (4) の初期値（既知量）と M_{s1} の関係式を求める．まず左辺の p_4/p_3 について，これは前節の接触面を介し領域 (2) と (3) の圧力が等しいことから

$$\frac{p_4}{p_3} = \frac{p_4}{p_1}\frac{p_2}{p_3}\frac{p_1}{p_2} = \frac{p_4}{p_1}\frac{p_1}{p_2} = \frac{p_4}{p_1}\frac{\gamma_1+1}{2\gamma_1 M_{s1}^2-(\gamma_1-1)} \tag{8.4.7}$$

が成り立つ．式 (8.4.7) の右辺最後の式では，p_1/p_2 に垂直衝撃波前後の圧力比を与える式 (4.3.8) を用いた．これにより式 (8.4.3) の左辺は，p_4/p_1 と M_{s1} によって表された．

次に式 (8.4.3) 右辺の a_4/a_3 について，第 5 章の等エントロピー流れに対する特性曲線の理論（左右方向へのリーマン不変量，ただし $u_4 = 0$）を適用すると，接触面背後の音速は次式で表すことができる．

$$a_3 = a_4 - \frac{\gamma_4-1}{2}u_3 \tag{8.4.8}$$

この u_3 について式 (8.4.2) を適用し，さらにこの u_2 を垂直衝撃波前後の速度比，したがって密度比の式 (4.3.9) より求める．ただし衝撃波前後の気流速度は $u_1 \to U_{s1}$, $u_2 \to U_{s1}-u_2$ と置き換え，それを整理すると次式を得る．

$$u_3 = u_2 = \frac{2a_1}{\gamma+1}\left(M_{s1} - \frac{1}{M_{s1}}\right) \tag{8.4.9}$$

これを式 (8.4.8) に代入し，a_4/a_3 について整理すると

$$\frac{a_4}{a_3} = \frac{1}{1 - \frac{\gamma_4-1}{\gamma_1+1}\frac{a_1}{a_4}\left(M_{s1} - \frac{1}{M_{s1}}\right)} \tag{8.4.10}$$

となる．これにより a_4/a_3 もまた M_{s1} および領域 (1) と (4) の物理量で表すことができる．式 (8.4.7) と式 (8.4.10) を式 (8.4.3) に用いて整理すると次式を得る．

$$\frac{p_4}{p_1} = \frac{2\gamma_1 M_{s1}^2 - (\gamma_1 - 1)}{\gamma_1 + 1} \left\{ \frac{1}{1 - \frac{\gamma_4 - 1}{\gamma_1 + 1} \frac{a_1}{a_4} \left(M_{s1} - \frac{1}{M_{s1}} \right)} \right\}^{\frac{2\gamma_4}{\gamma_4 - 1}} \quad (8.4.11)$$

これにより領域 (2) を進行する衝撃マッハ数 M_{s1} が，領域 (1) および (4) における既知量の圧力，音速および比熱比から導かれた．

8.4.5 領域 (2) の状態

式 (8.4.11) を M_{s1} について解くことにより，垂直衝撃波前方 (1) の既知量を使って衝撃波前後の関係式から領域 (2) の各物理量を求めることができる．

8.4.6 領域 (3) の状態

接触面の背後（領域 (3)）については，圧力と気流速度が領域 (2) と同じである．後の物理量については，領域 (4) の既知量が膨張波を介して等エントロピー変化して領域 (3) の値になっている．すなわち p_3/p_4 ($= p_2/p_4$：既知量) を用いて温度比，密度比との等エントロピー変化の関係式を使い，温度 T_3 や密度 ρ_3 などを求めることができる．これにより領域 (1) から (4) の気体の状態がわかる．

8.4.7 領域 (5)（反射衝撃波後方の領域）の状態

領域 (1) を進行した衝撃波が管の右端で反射して戻ってくるとき，その背後における領域 (5) の状態についてみる．この状況は図 8.4.3(a) に示すように，往路の進行衝撃波（衝撃マッハ数 M_{s1}）によってつくられた領域 (2) を，その反射衝撃波が逆方向（復路）に衝撃マッハ数 M_{s2} で進行する状態にある．すでに上流側にあたる領域 (2) の情報は得られているので，この M_{s2} が決まると垂直衝撃波前後の関係式から領域 (5) の各物理量は決定する．

反射衝撃波の背後（領域 (5)）は一様状態となるが，低圧室右端の境界条件より $u_5 = 0$ となる．すなわち，往路の衝撃波で誘起された速度 u_2 が復路の反射衝撃波によって相殺される．この反射衝撃波に立ってその前後の流れ場をながめると，図 8.4.3(b) となる．気流が前方から速度 $U_{s2} + u_2$ で反射衝撃波

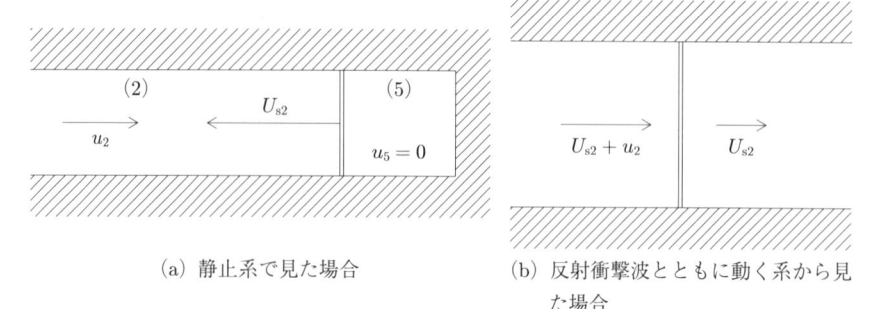

図 **8.4.3** 反射衝撃波前後の流れ

(a) 静止系で見た場合
(b) 反射衝撃波とともに動く系から見た場合

に流入し，速度 U_{s2} でその後方に流出する．

衝撃波前後の速度比（密度比）の関係（式 (4.3.9)）から，M_{s2} を用いると，

$$\frac{U_{s2}}{U_{s2}+u_2} = \frac{(\gamma-1)M_{s2}^2+2}{(\gamma+1)M_{s2}^2} \tag{8.4.12}$$

となる．この U_{s2} に $U_{s2}=a_2 M_{s2}$ を代入し，u_2/a_2 で整理すると次式を得る．

$$\frac{u_2}{a_2}\left(=\frac{u_2}{\sqrt{\gamma_2 R_2 T_2}}\right) = 2M_{s2}\frac{M_{s2}^2-1}{(\gamma-1)M_{s2}^2+2} \tag{8.4.13}$$

これより領域 (2) の気体（領域 (1) と同種）については，温度も含めわかっているので，これより M_{s2} が決定する．この結果，垂直衝撃波前後の関係式から領域 (5) の各物理量を求めることができる．

8.4.8 衝撃波管で発生する衝撃マッハ数

衝撃波管で発生する衝撃波の特性やその背後の気流について実験研究を行うにあたり，どれほどの強さの衝撃波を発生できるかみる．式 (8.4.11) は高圧室と低圧室の初期状態から衝撃マッハ数を与える．この式によると，M_{s1} には高圧室と低圧室に注入する気体の種類，その圧力および温度（音速と関連する）が影響することがわかる．

そこで式 (8.4.11) を使って，高圧室と低圧室の気体の種類と温度が同じとし，圧力を変えたときに得られる M_{s1} の変化を図 8.4.4 に示す．高圧室と低圧室の圧力比 p_4/p_1 を大きくすると M_{s1} は増加する．しかし高圧室と低圧室

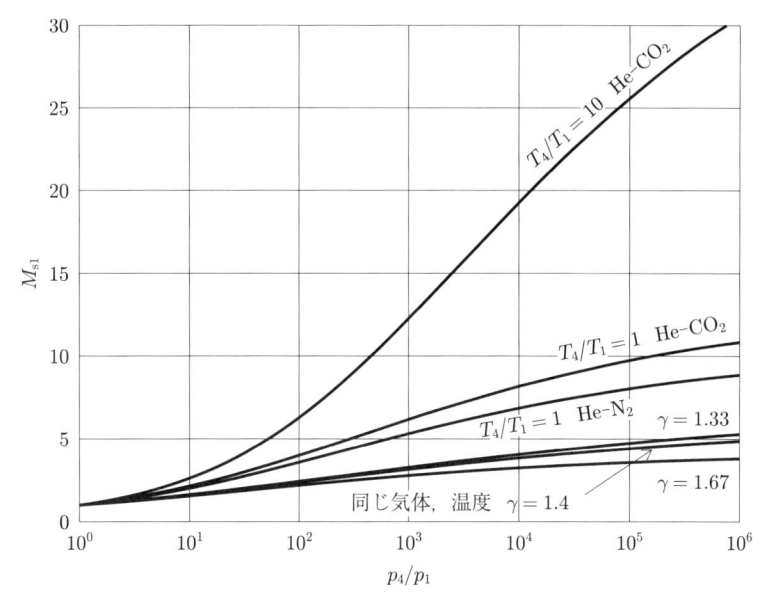

図 **8.4.4** 衝撃波管による衝撃マッハ数 M_{s1}

の気体と温度が同じ場合，$p_4/p_1 = 10^6$ においても M_{s1} は高々 5 程度である．このことは両室の気体を異なるものにするとか，低圧室の音速を小さく（温度を低く）するなどしなければ極超音速にはならないことを示唆している．

図 8.4.4 には，高圧室の気体をヘリウム（He），低圧室の気体を窒素（N_2）もしくは二酸化炭素（CO_2）とし，温度は同じ場合の結果についても示してある．高圧室側気体の音速を大きくすることによって，M_{s1} が大きくなっている．さらに温度の効果として，図 8.4.4 には高圧室側気体を He，低圧室側気体が CO_2 で両者の温度比 T_4/T_1 が 10 のときの結果も示してある．これにより金星や火星大気を極超音速で飛行する環境が地上の衝撃波管で模擬できる．

このように高圧室と低圧室の気体の種類による M_{s1} への影響は，式 (8.4.11) の右辺の項からも見当がつく．より大きな M_{s1} を得るには p_4/p_1 を大きくすればよい．そこで式 (8.4.11) の左辺を $p_4/p_1 \to \infty$ とすると，等式が成り立つためには式 (8.4.14) の関係が成り立つ．

$$1 - \frac{\gamma_4 - 1}{\gamma_1 + 1} \frac{a_1}{a_4} \left(M_{\mathrm{s}1} - \frac{1}{M_{\mathrm{s}1}} \right) \to 0 \qquad (8.4.14)$$

この関係（$M_{\mathrm{s}1}$ の 2 次式）を $M_{\mathrm{s}1}$ について解くと（ただし $M_{\mathrm{s}1} > 0$）

$$M_{\mathrm{s}1} \to \frac{1}{2} \left\{ \left(\frac{\gamma_1 + 1}{\gamma_4 - 1} \frac{a_4}{a_1} \right) + \sqrt{\left(\frac{\gamma_1 + 1}{\gamma_4 - 1} \frac{a_4}{a_1} \right)^2 + 4} \right\} \qquad (8.4.15)$$

を得る．このことから，大きな $M_{\mathrm{s}1}$ を得るには高圧室と低圧室の音速の比 a_4/a_1 を大きくすればよい．

$$\frac{a_4}{a_1} = \sqrt{\frac{\gamma_4}{\gamma_1} \frac{R_4}{R_1} \frac{T_4}{T_1}} = \sqrt{\frac{\gamma_4}{\gamma_1} \frac{m_1}{m_4} \frac{T_4}{T_1}} \qquad (8.4.16)$$

上式から，高圧室と低圧室の気体について，γ_4/γ_1, m_1/m_4, T_4/T_1 をそれぞれ大きくすれば $M_{\mathrm{s}1}$ を大きくすることができる．この結果が図 8.4.4 に現れている．比熱比 γ に大きな差は出ないため，この効果にはあまり期待ができない．

8.5 衝撃風洞による超音速流の生成

　高速の気流を生成するには，増速のために気体を膨張させなければならない．そこで膨張による低温化からくる気体の凝縮（相変化）を避ける必要があり，このためには膨張前の気体は高エンタルピー状態にしなければならない．そこで前節で示した衝撃波管の反射衝撃波背後の領域 (5) の気体，さらにこの反射衝撃波が時間的に遅れてやってくる接触面と干渉し，再び管右端方向に戻る反射衝撃波が再度つくる領域 (7) の高エンタルピー気体を利用する．以下ではこの高エンタルピー気体からラバールノズルを通して超音速流を発生する**衝撃風洞**（shock tunnel）についてみる．

　図 8.4.1 に示す衝撃波管の隔膜部の構成方法や高圧部（領域 (4)）の構成によっていろいろなタイプがある．例えば，隔膜を 1 枚利用する方法，2 枚利用する 2 段隔膜型（図 8.5.1），膜の代わりに機械的な急開弁を利用する方法，高圧室にかなり高い圧力を生成する**自由ピストン駆動型衝撃風洞**（free piston driven shock tunnel）がある（図 8.5.2）．さらにフリーピストンを弾丸のよ

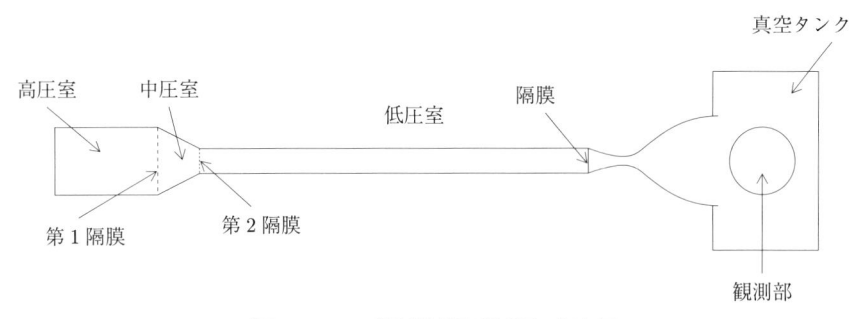

図 8.5.1　2段隔膜型衝撃風洞の概念図

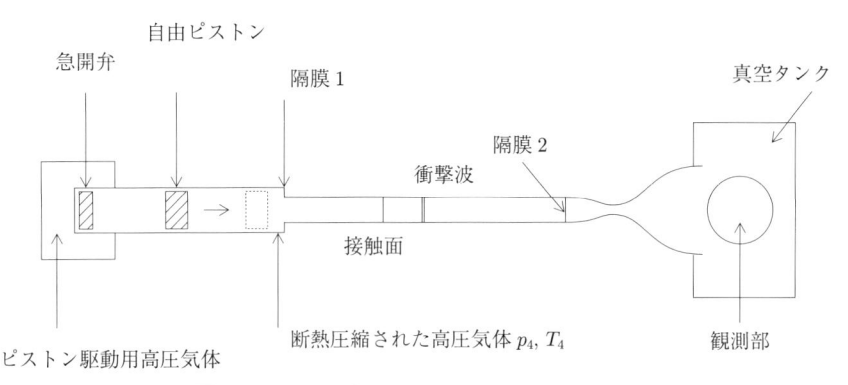

図 8.5.2　自由ピストン駆動型衝撃風洞の概念図

うに管中を走らせ，管端で高温・高圧の気体を生成して超音速流をつくる**ガントンネル型衝撃風洞**（gun tunnel）といったさまざまな方法が考案されている．なお先行する圧縮波に続く圧縮波はその速度が速く，最終的に衝撃波を形成するため，所望の M_{s1} を得るのに必ずしも高速度のピストンや弾丸は必要としない．これらの手法は衝撃波管による実験においても活用されている．

図 8.5.1 に示す 2 段隔膜型の衝撃風洞についてみる．高圧室と低圧室を仕切る空間部に圧力がその中間の中圧室を設ける．この中圧室の存在によって隔膜への応力負荷が減少し，高圧室と低圧室の圧力差を大きくすることができる．衝撃波の発生（風洞の駆動）は，中圧室の圧力を減圧することにより，高圧室と中圧室を仕切る隔膜が破れ，高圧室から中圧室に向けて衝撃波が発生する．この衝撃波がさらに中圧室と低圧室の間にある第 2 の隔膜を破膜する．その

結果，低圧室には設計マッハ数 M_{s1} で進行する垂直衝撃波が発生し，この後の現象は前節で述べたとおりである．反射衝撃波の後方，すなわち (5) の領域では圧力 p_5，温度 T_5 の静止した高エンタルピー気体が生成し，これが低圧室とその先のラバールノズルを仕切る膜を破り衝撃風洞テストセクションに超音速気流を発生することができる．ただし装置構成の理由から，衝撃風洞は大きな M_{s1} を生むことができるが，風洞としての作動時間が1～数 10 ms と非常に短いという欠点がある．

図 8.5.1 に示す中圧室は管径の大きな高圧室と小さな低圧室を連結するようにテーパー形状をしている．このテーパー管を用いることにより，低圧室と同じ管径の高圧室でかつ同じ圧力 p_4 で構成したものに比べ，より大きな衝撃マッハ数 M_{s1} を得ることができる．また，流れの高速化による作動気体の低温から生じる相変化（水蒸気の発生など）を避けるために，気体を予熱して凝縮を防ぐなどの手段をとることもある．

図 8.3.3 でみた超音速ノズル（ラバールノズル）は，流れが等エントロピーであるため流れ方向を逆転しても成り立つ．このとき管はノズルではなくディフューザの働きをする．アークプラズマ風洞などのように比較的長い通風時間を確保するために，真空タンク部の圧力を維持する目的で観測部下流にこのディフューザを設置することがある．このときディフューザ喉部を第2スロートとよぶことがある．

演習問題

8.1 ラバールノズルにおいて，スロート断面積に対する任意位置の断面積の比が式 (8.3.1) となることを示せ．

8.2 ラバールノズルにおいて，スロートの密度に対する任意位置の密度の比が式 (8.3.2) となることを示せ．

8.3 貯気槽に全圧 $p_0 = 1$ MPa，全温 $T_0 = 600$ K の完全ガス（$\gamma = 1.4$）がある．この気体がラバールノズルを通して出口で適正膨張している．ノズル

出口のスロートに対する断面積比が 10 のとき，ノズル出口の気流マッハ数 M_e，圧力 p_e（静圧）および温度 T_e（静温）を求めよ．また，スロート上流部で同じ断面積比をもつノズル位置における M_1, p_1, T_1 を求めよ．

8.4 前問 8.3 において，広がり管の断面積比が 6 の位置において衝撃波をもつ流れが発生した．ノズル出口における気流マッハ数 M_e と圧力 p_e（静圧）を求めよ．

8.5 流量計の検定に際し，断面積の異なるソニックノズル（ノズル出口で音速となるノズル）を複数個用意し，それらを組み合わせて行うことがある．そのための測定条件および測定方法について説明せよ．なお，説明にあたりソニックノズル上流側の貯気槽における全圧 p_0，全温 T_0，全密度 ρ_0 とし，i 番目のソニックノズルの出口（スロート）断面積をそれぞれ A_{i*} とする．またノズル出口の雰囲気圧を p_a とする．

8.6 式 (8.4.8)〜(8.4.10) となることを示し，式 (8.4.11) を導出せよ．

9

数 値 解 析

　流体力学の基礎方程式がもつ強い非線形性のために，古くより数値計算によって流れ場を求める**数値流体力学**（Computational Fluid Dynamics; CFD）が発展してきた．本章では，2次元圧縮性非粘性流れ場に対する有限体積法を導入する．有限体積法は基礎方程式に含まれる微分項の有限体積近似と考えるよりも，計算セル一つひとつを検査体積と考えて積分形の保存則を適用する計算手法と考える方が見通しがよい．本章では，最初に有限体積法定式化の概要を示すとともに，前章までに説明された代表的流れ場の数値解を求めることにする．なお，本章の計算プログラムは日本航空宇宙学会ホームページからダウンロードすることができる[1]．

9.1　2次元非粘性圧縮性流れ場

　2次元圧縮性非粘性流れ場に対する基礎方程式は，検査体積 Ω に対する質量保存，運動量保存，エネルギー保存より構成される．第2章で得られた結果より，検査体積 Ω に対する2次元圧縮性非粘性流れ場の保存則は

$$\frac{\partial}{\partial t}\iint_\Omega Q \mathrm{d}S + \int_{\partial\Omega}(En_x + Fn_y)\mathrm{d}l = 0 \qquad (9.1.1)$$

で与えられる．ここで，$\partial\Omega$ は検査体積の表面を表す．また，Q は保存変数，E は x 方向の流束関数，F は y 方向の流束関数，$\vec{n}=(n_x,n_y)$ は検査体積表面の外向き単位法線ベクトルとその成分を表す．保存変数 Q と流束関数 E，F の成分は以下のように与えられる．

---

[1] プログラムのダウンロード，使用等に関する注意事項は目次末を参照．

$$Q = \begin{pmatrix} \rho \\ \rho u \\ \rho v \\ e \end{pmatrix}, \quad E = \begin{pmatrix} \rho u \\ \rho u^2 + p \\ \rho uv \\ (e+p)u \end{pmatrix}, \quad F = \begin{pmatrix} \rho v \\ \rho uv \\ \rho v^2 + p \\ (e+p)v \end{pmatrix} \tag{9.1.2}$$

ここで ρ は密度,(u,v) は流速成分,p は圧力,e は単位体積当たりの全エネルギーである.式 (9.1.1) は 5 つの未知数に対して 4 本の式を与えるのでこのままでは閉じない.理想気体の状態方程式

$$p = (\gamma - 1)\left\{ e - \frac{(\rho u)^2 + (\rho v)^2}{2\rho} \right\} \tag{9.1.3}$$

を合わせて解くことになる.ここで γ は比熱比であり $\gamma = 1.4$ とする.

最初に方程式の無次元化を述べておく.基準状態の音速 a_∞ を用いて速度成分を $(u,v) = a_\infty(\tilde{u}, \tilde{v})$ とかくことにする. ~ は無次元変数を表す.一方,基準長 L を用いると無次元座標は $(x,y) = L(\tilde{x}, \tilde{y})$ で与えられる.密度は基準状態の密度 ρ_∞ を用いて $\rho = \rho_\infty \tilde{\rho}$ とかく.また,圧力と全エネルギーはそれぞれ $p = \rho_\infty a_\infty^2 \tilde{p}$,$e = \rho_\infty a_\infty^2 \tilde{e}$ とかくことにする.このとき,基準状態の無次元圧力は $\tilde{p}_\infty = 1/\gamma$ で与えられる.検査体積やその表面も無次元座標で表し,上記の変数の無次元化を式 (9.1.1) に適用すると保存則(保存方程式)の形は変わらない.したがって次節以降では ~ を省略する.

9.2 数値計算法

9.2.1 空間の離散化

いま,流れ場が重なりをもたない計算セル群で隙間なく離散化されているとしよう.式 (9.1.1) の検査体積 Ω をある計算セル $\Omega_{i,j}$ に置き換えて保存則を積分する計算方法を**有限体積法**とよぶ.2 次元流れ場の場合は計算セル形状として三角形や四角形が一般的である.以下では (i,j) で順番付けられている構造格子を仮定する.したがって計算セルは四辺形であり,各辺は直線である.図 9.2.1 に構造格子の計算セルの様子を示す.

第 5 章で説明された波動の伝播は非定常流れ場となる.このような非定常

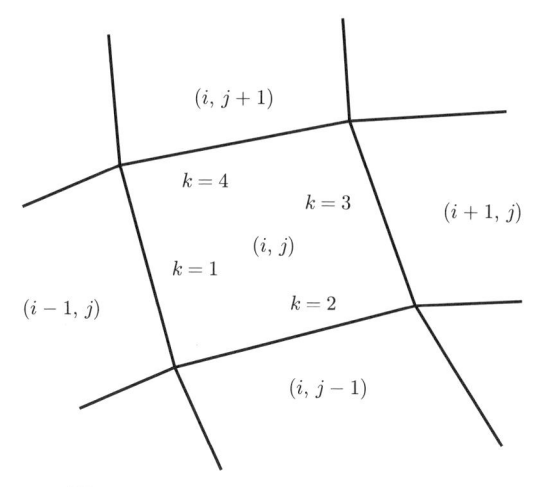

図 **9.2.1** 2次元構造格子とセルの番号付け

流れ場は式 (9.1.1) の時間発展を数値的に求めればよい．一方，その他の章では定常流れ場を仮定してきた．定常流れ場を解くには式 (9.1.1) の時間微分項を省略した定常の方程式を解くという立場もあり得るが，本章では式 (9.1.1) の時間発展解を追跡して定常状態に収束した解を流れ場の定常解とする．このため，境界条件とともに初期条件を常に与えなければならない．

9.2.2 有限体積近似

計算セル $\Omega_{i,j}$ に含まれる保存量の平均値を $Q_{i,j}$ と表すことにする．すなわち

$$\iint_{\Omega_{i,j}} Q \mathrm{d}S = Q_{i,j} \iint_{\Omega_{i,j}} \mathrm{d}S$$

とする．計算セル $\Omega_{i,j}$ の面積を $S_{i,j}$ で表すと，式 (9.1.1) の左辺第 1 項は

$$\frac{\partial}{\partial t} \iint_{\Omega_{i,j}} Q \mathrm{d}S = S_{i,j} \frac{\partial Q_{i,j}}{\partial t} \cong S_{i,j} \frac{Q_{i,j}^{n+1} - Q_{i,j}^n}{\Delta t} \qquad (9.2.1)$$

とかくことができる．ただし，計算セルは静止していると仮定している．ここで，$\Delta t = t^{n+1} - t^n$ は時間積分の刻み幅であり，上添字は時間ステップを表

す整数である. 解がなめらかな場合, $Q_{i,j}^{n+1}$ をテイラー展開すると

$$Q_{i,j}^{n+1} = Q_{i,j}^n + \left(\frac{\partial Q}{\partial t}\right)_{i,j}^n \Delta t + \left(\frac{\partial^2 Q}{\partial t^2}\right)_{i,j}^n \frac{(\Delta t)^2}{2} + \cdots$$

を得る. これより, 式 (9.2.1) の最右辺は

$$S_{i,j}\frac{Q_{i,j}^{n+1} - Q_{i,j}^n}{\Delta t} = S_{i,j}\left\{\left(\frac{\partial Q}{\partial t}\right)_{i,j}^n + \left(\frac{\partial^2 Q}{\partial t^2}\right)_{i,j}^n \frac{\Delta t}{2} + \cdots\right\}$$

とかくことができる. したがって, 式 (9.2.1) の最右辺は時間 1 次精度（誤差が $O(\Delta t)$）の差分近似を与える.

次に式 (9.1.1) の左辺第 2 項を

$$\int_{\partial\Omega}(En_x + Fn_y)\,\mathrm{d}l = \int_{\partial\Omega}H(Q,\vec{n})\,\mathrm{d}l = \sum_{k=1}^{4}\bar{H}_k l_k \qquad (9.2.2)$$

とかくことにする. ここで, $H(Q,\vec{n}) \equiv En_x + Fn_y$ はセル境界の外向き法線方向に射影した流束関数である. 一方, $\bar{H}_k$ は k 番目のセル境界における H の平均, l_k は辺の長さである. 式 (9.2.2) は近似を含まない厳密な式であることを注意しておく. 有限体積法の精度については後述するが, 以下では $\bar{H}_k$ を各辺の中点の値で近似することにしよう.

流束関数の近似を**数値流束関数**とよぶことにする. (i,j) 番目と $(i+1,j)$ 番目の計算セルが接している $k = 3$ 番目セル境界に着目することにしよう（図 9.2.1). いま, $k = 3$ 番目の辺の中点における (i,j) 番目のセル側の値を $Q_{i+\frac{1}{2},j}^{\mathrm{L}}$, $(i+1,j)$ 番目のセル側の値を $Q_{i+\frac{1}{2},j}^{\mathrm{R}}$ とかくことにする. すなわち, 各セル境界面において変数が不連続であることを想定する. このとき, (i,j) 番目セルの $k = 3$ 番目セル境界における数値流束関数を

$$\begin{aligned}\bar{H}_{i+\frac{1}{2},j} = \frac{1}{2}\Big\{&H\left(Q_{i+\frac{1}{2},j}^{\mathrm{L}},\vec{n}_{i+\frac{1}{2},j}\right) + H\left(Q_{i+\frac{1}{2},j}^{\mathrm{R}},\vec{n}_{i+\frac{1}{2},j}\right)\\&-d_{i+\frac{1}{2},j}\left(Q_{i+\frac{1}{2},j}^{\mathrm{R}} - Q_{i+\frac{1}{2},j}^{\mathrm{L}}\right)\Big\}\end{aligned} \qquad (9.2.3)$$

で与えることにする. ここで, $\vec{n}_{i+\frac{1}{2},j}$ は (i,j) 番目セルの $k = 3$ 番目境界における外向き単位法線ベクトルを表す. 一方, $d_{i+\frac{1}{2},j}$ はスカラーあるいは行

列で表される係数であり $d_{i+\frac{1}{2},j}\left(Q^{\mathrm{R}}_{i+\frac{1}{2},j} - Q^{\mathrm{L}}_{i+\frac{1}{2},j}\right)$ は**数値粘性項**とよばれる．$d_{i+\frac{1}{2},j} = 0$ は中心差分を与える．$d_{i+\frac{1}{2},j}$ の決め方についてはさまざまな提案がなされているが，本章ではもっとも簡単な風上法として以下のようにスカラーで定義する．

$$d_{i+\frac{1}{2},j} = \frac{1}{2}\left\{\left|\vec{u}^{\mathrm{L}}_{i+\frac{1}{2},j}\cdot\vec{n}_{i+\frac{1}{2},j}\right| + a^{\mathrm{L}}_{i+\frac{1}{2},j} + \left|\vec{u}^{\mathrm{R}}_{i+\frac{1}{2},j}\cdot\vec{n}_{i+\frac{1}{2},j}\right| + a^{\mathrm{R}}_{i+\frac{1}{2},j}\right\} \quad (9.2.4)$$

ここで $\vec{u}_{i+\frac{1}{2},j}$，$a_{i+\frac{1}{2},j}$ は (i,j) 番目セルの $k=3$ 番目セル境界における流速ベクトルと音速である．それらの決め方は次節で述べる．以上を式 (9.1.1) に代入すると，各セルに対して以下の離散式を得る．

$$Q^{n+1}_{i,j} = Q^n_{i,j} - \frac{\Delta t}{S_{i,j}}\left\{\bar{H}_{i+\frac{1}{2},j}l_{i+\frac{1}{2},j} + \bar{H}_{i-\frac{1}{2},j}l_{i-\frac{1}{2},j} + \bar{H}_{i,j+\frac{1}{2}}l_{i,j+\frac{1}{2}}\right.$$
$$\left.+ \bar{H}_{i,j-\frac{1}{2}}l_{i,j-\frac{1}{2}}\right\} \quad (9.2.5)$$

9.2.3 有限体積法の近似精度

有限体積法の近似精度について述べておく．式 (9.2.5) の右辺第 2 項は，セル境界面における射影流束関数の周積分近似にあたる．この周積分近似の精度は，セル境界面における数値流束関数の補間精度と，周積分自体の近似精度で決まる．周積分は各辺の中点における数値流束関数と辺長の積和で与えると空間 2 次精度となる．これは各辺における流束関数の分布を直線近似した（テイラー展開の 1 次の項までを保持した）ことに対応している．したがって，空間 3 次精度を得る場合は，各辺に沿った数値流束関数分布を 2 次曲線で近似する必要があることから，ガウス求積法等の高次精度積分を用いなければならない．逆にいうと，各辺の中点における数値流束関数に辺長を掛けた積和をとる限り，いくら数値流束関数の近似精度を高めても式 (9.2.5) は空間 2 次精度にとどまることになる．一方，数値流束関数の補間精度は，引数であるセル境界面における従属変数の補間精度で決まる．もっとも簡単な例は，計算セル内の分布を一定値で与える 0 次精度補間であり，セル境界面の従属変数は厳密解に対して $O(\Delta)$ の誤差をもつ．例えば，式 (9.2.3) では $Q^{\mathrm{L}}_{i+\frac{1}{2},j} = Q_{i,j}$，$Q^{\mathrm{R}}_{i+\frac{1}{2},j} = Q_{i+1,j}$ と近似すればよい．このとき，式 (9.2.5) の右辺第 2 項

の空間精度は $O(\Delta)$ にとどまることになり，有限体積法は空間 1 次精度となる．また，各セル内に線形分布を導入してセル境界の値を内挿すると $O(\Delta^2)$ の誤差となり，有限体積法は空間 2 次精度となる．なお，各セルに導入される線形分布の勾配に含まれる誤差は少なくとも $O(\Delta)$ にとどまる必要がある．内挿の補間精度を 0 次とする 1 次精度の有限体積は，大変ロバストであり強い衝撃波を含む解でも容易に求めることができる．しかし，よい精度の解を得るには多数の計算セルを導入して計算セルの間隔を非常に小さくする必要がある．空間 2 次精度以上にすると比較的少ないセルで解像度の高い解を得る．しかし，強い衝撃波や膨張領域で数値的に発散する場合があるので，各セルに導入される勾配を制限する仕組みが求められる．本章で使用するプログラムでは以下の簡単な手法で計算セル内に勾配制限した線形分布を導入した．物理空間における物理量の勾配からセル境界値を求めるのではなく，計算空間で対応する矩形セルに対する内挿式になっている．

$$Q^{\mathrm{L}}_{i+\frac{1}{2},j} = Q_{i,j} + 0.5\,\mathrm{minmod}\left(\Delta_{i-\frac{1}{2},j}, \Delta_{i+\frac{1}{2},j}\right) \qquad (9.2.6)$$

$$Q^{\mathrm{R}}_{i-\frac{1}{2},j} = Q_{i,j} - 0.5\,\mathrm{minmod}\left(\Delta_{i-\frac{1}{2},j}, \Delta_{i+\frac{1}{2},j}\right) \qquad (9.2.7)$$

ここで

$$\Delta_{i-\frac{1}{2},j} = Q_{i,j} - Q_{i-1,j}, \quad \Delta_{i+\frac{1}{2},j} = Q_{i+1,j} - Q_{i,j} \qquad (9.2.8)$$

$$\mathrm{minmod}(a,b) = \frac{\mathrm{sgn}(a) + \mathrm{sgn}(b)}{2}\min(|a|,|b|) \qquad (9.2.9)$$

$$\mathrm{sgn}(a) = \begin{cases} 1 & (a \geq 0) \\ -1 & (a < 0) \end{cases} \qquad (9.2.10)$$

である．minmod 関数は引数の符号が異なるときに 0，符号が同じときは絶対値の小さな引数を返す．本章のプログラムでは原始変数 (ρ, u, v, p) に対して式 (9.2.6)，(9.2.7) を適用した．このような簡便な手法で勾配制限を試みているが，比較的強い衝撃波でも安定に計算することができる．しかし，残念ながら後述のプラントル・メイヤー膨張域の空間 2 次精度計算では数値解にはわ

ずかであるがアンダーシュートが現れており，非常に強い膨張を計算しようとすると解は発散する．

9.2.4 時間刻み幅

次に時間刻み幅について調べておく．式 (9.2.5) は時間に関する陽的な積分のため安定性には限界があり，時間刻み幅 Δt は自由に与えることが許されない．簡単のためにモデル方程式である線形スカラー移流方程式

$$\frac{\partial u}{\partial t} + a\frac{\partial u}{\partial x} + b\frac{\partial u}{\partial y} = 0 \tag{9.2.11}$$

の積分で考えよう．ここで $u = u(t,x,y)$ であり，a, b は実定数とする．このとき離散式は

$$u_{i,j}^{n+1} = u_{i,j}^n - \frac{\Delta t}{S_{i,j}}\left(h_{i-\frac{1}{2},j}^n l_{i-\frac{1}{2},j} + h_{i,j-\frac{1}{2}}^n l_{i,j-\frac{1}{2}} + h_{i+\frac{1}{2},j}^n l_{i+\frac{1}{2},j} + h_{i,j+\frac{1}{2}}^n l_{i,j+\frac{1}{2}}\right) \tag{9.2.12}$$

とかくことができる．ただし，$h = (an_x + bn_y)u = pu$ は計算セル各辺における射影流束関数であり，p は射影速度，l は辺の長さを表す．また，計算格子は図 9.2.1 で示される (i,j) でインデックスがつけられた構造格子を仮定しており，(i,j) 番目の計算セルに対してインデックスの半整数位置はセルの境界を表す．ここで式 (9.2.3) を用いて空間 1 次精度の風上型数値流束関数を

$$h_{i+\frac{1}{2},j} = \frac{1}{2}\left\{p_{i+\frac{1}{2},j}u_{i,j}^n + p_{i+\frac{1}{2},j}u_{i+1,j}^n - \left|p_{i+\frac{1}{2},j}\right|(u_{i+1,j} - u_{i,j})\right\}$$

$$= p_{i+\frac{1}{2},j}^+ u_{i,j}^n + p_{i+\frac{1}{2},j}^- u_{i+1,j}^n \tag{9.2.13}$$

によって定義する．ここで，$p^{\pm} \equiv \frac{1}{2}(p \pm |p|)$ であり，$p^+ \geq 0$, $p^- \leq 0$ を満たす．式 (9.2.13) を式 (9.2.12) に代入して整理すると

$$u_{i,j}^{n+1} = r_{i,j}u_{i,j}^n + r_{i-1,j}u_{i-1,j}^n + r_{i,j-1}u_{i,j-1}^n + r_{i+1,j}u_{i+1,j}^n + r_{i,j+1}u_{i,j+1}^n \tag{9.2.14}$$

を得る．ただし，

$$r_{i,j} = 1 - \frac{\Delta t}{S_{i,j}} \left\{ p^+_{i-\frac{1}{2},j} l_{i-\frac{1}{2},j} + p^+_{i,j-\frac{1}{2}} l_{i,j-\frac{1}{2}} + p^+_{i+\frac{1}{2},j} l_{i+\frac{1}{2},j} + p^+_{i,j+\frac{1}{2}} l_{i,j+\frac{1}{2}} \right\} \tag{9.2.15}$$

$$r_{i-1,j} = -\frac{\Delta t}{S_{i,j}} p^-_{i-\frac{1}{2},j} l_{i-\frac{1}{2},j} \tag{9.2.16}$$

$$r_{i,j-1} = -\frac{\Delta t}{S_{i,j}} p^-_{i,j-\frac{1}{2}} l_{i,j-\frac{1}{2}} \tag{9.2.17}$$

$$r_{i+1,j} = -\frac{\Delta t}{S_{i,j}} p^-_{i+\frac{1}{2},j} l_{i+\frac{1}{2},j} \tag{9.2.18}$$

$$r_{i,j+1} = -\frac{\Delta t}{S_{i,j}} p^-_{i,j+\frac{1}{2}} l_{i,j+\frac{1}{2}} \tag{9.2.19}$$

とした．定義より $r_{i-1,j} \geq 0$, $r_{i,j-1} \geq 0$, $r_{i+1,j} \geq 0$, $r_{i,j+1} \geq 0$ である．また，

$$r_{i,j} + r_{i-1,j} + r_{i,j-1} + r_{i+1,j} + r_{i,j+1} = 1 \tag{9.2.20}$$

であることを示すことができる．このとき，$r_{i,j} \geq 0$ を示すことができれば式 (9.2.14) より $u^{n+1}_{i,j}$ は $u^n_{i,j}$, $u^n_{i-1,j}$, $u^n_{i,j-1}$, $u^n_{i+1,j}$, $u^n_{i,j+1}$ の最大値と最小値の間に必ず挟まれることになり，数値安定性が保たれる．式 (9.2.15) より，時間刻み幅 Δt の条件

$$\Delta t \leq \frac{S_{i,j}}{p^+_{i-\frac{1}{2},j} l_{i-\frac{1}{2},j} + p^+_{i,j-\frac{1}{2}} l_{i,j-\frac{1}{2}} + p^+_{i+\frac{1}{2},j} l_{i+\frac{1}{2},j} + p^+_{i,j+\frac{1}{2}} l_{i,j+\frac{1}{2},j}} \tag{9.2.21}$$

を得る．式 (9.2.21) は，線形スカラー移流方程式 (9.2.11) に対する空間 1 次精度の有限体積法の式 (9.2.12) に対する時間刻み幅であり，オイラー方程式に適用するには

$$\Delta t = \text{CFL} \times \frac{S_{i,j}}{\hat{p}^+_{i-\frac{1}{2},j} l_{i-\frac{1}{2},j} + \hat{p}^+_{i,j-\frac{1}{2}} l_{i,j-\frac{1}{2}} + \hat{p}^+_{i+\frac{1}{2},j} l_{i+\frac{1}{2},j} + \hat{p}^+_{i,j+\frac{1}{2}} l_{i,j+\frac{1}{2},j}} \tag{9.2.22}$$

で定める．ただし，$\hat{p} = |un_x + vn_y| + a$ で与えられる．セル境界面では物

理量が不連続であることから，境界面の両側の値の平均値を用いて評価した．式 (9.2.22) 中の CFL は Courant-Friedrichs-Lewy の頭文字をとった定数であり，1 以下の正の実数で与えられる．もともとは情報の物理的な伝播速度と数値的な伝播速度との比を表す係数であり，本章に示す計算例では空間 1 次精度の場合 CFL = 0.9 とした．空間 2 次精度の計算の場合は 2 次精度の数値流束関数を代入して数値安定性を調べる必要があるが，ここでは単純に数値安定性を重視して CFL=0.1 と設定した．

9.3 垂直衝撃波

定常垂直衝撃波を数値計算で捕獲するのは難しいので，平板に超音速気流が垂直に衝突したときの流れ場を計算して，対称線上の分布を垂直衝撃波の理論と比べることにした．図 9.3.1(a) は問題設定を示している．図 9.3.1(b) は計算に用いた計算格子である．矩形領域の辺長は 1 であり，各辺を等間隔で 100 セルに分割した．

有限体積法における境界条件は，勾配を評価するとき（2 次精度計算時）と流束を計算するときの 2 回に渡って設定する必要がある．まず，勾配を決定

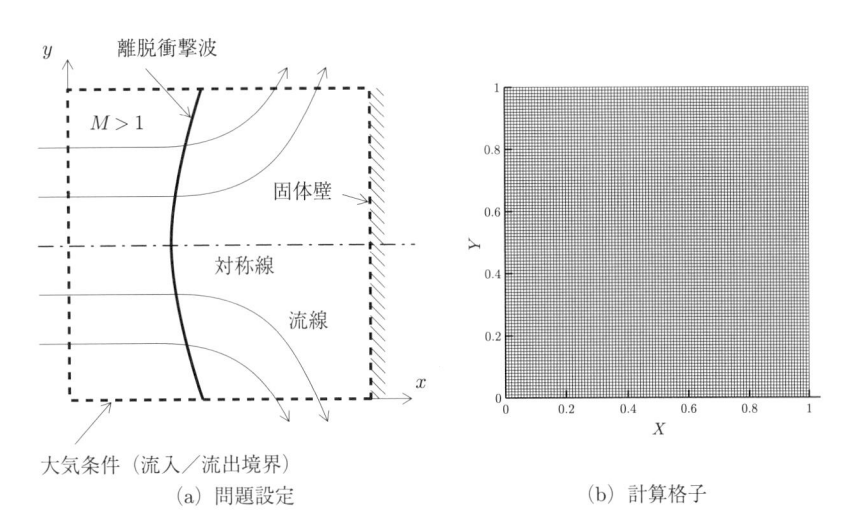

(a) 問題設定   (b) 計算格子

図 **9.3.1** 垂直衝撃波計算

(a) 上流境界　　(b) 固体壁

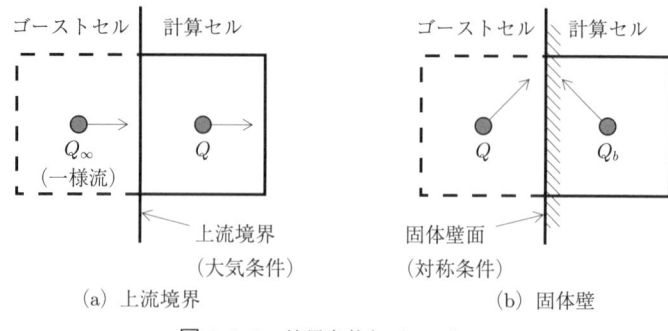

図 **9.3.2**　境界条件とゴーストセル

するときは，計算領域の境界に接する計算セルの外側（計算領域外）にゴーストセルとよばれる境界条件を設定するための計算セルをとり，そこに必要な物理量を与える．この垂直衝撃波の問題では，矩形領域の左辺，底辺ならびに上辺の3辺に対して大気条件を与えた．大気条件ではゴーストセルに一様流状態を与える．また，計算領域の右辺は固体壁面であるが，ゴーストセルには壁面に接する計算セルの物理量をそのまま与える．ただし，速度ベクトルだけは壁面に対して対称となるように回転させる（図 9.3.2）．

さて，計算領域内のすべてのセルに対してセル境界における従属変数の値を決めると，計算領域内のセルに挟まれたセル境界面では中点の両側で物理量が定義される．これに対して計算領域の境界に接する計算セルのセル境界では内側の値だけが定義されており，外側の値は未定義である．このとき，大気条件を与える境界では未定義の外側の値として再び一様流状態を与え，固体壁面境界では未定義の外側の値を内側の値の対称状態より与える．この結果，すべての計算セルのセル境界面で2つの状態量が定義されることとなり，この2つの状態量に対して式 (9.2.3) の数値流束関数を求める．大気条件では一様流の値をセル境界面の外側の値として用いるが，最終的に計算で用いられる数値流束関数の値は一様流状態に固定されたわけではないことを注意しておく．

計算では流入マッハ数を5とした．図 9.3.3 に空間1次精度ならびに2次精度の計算で得られた収束解の密度分布を表す．空間2次精度の解は1次精度の解に対して衝撃波面をよりシャープに捉えていることがわかる．しかし，底

(a) 空間 1 次精度　　　　　　　　(b) 空間 2 次精度

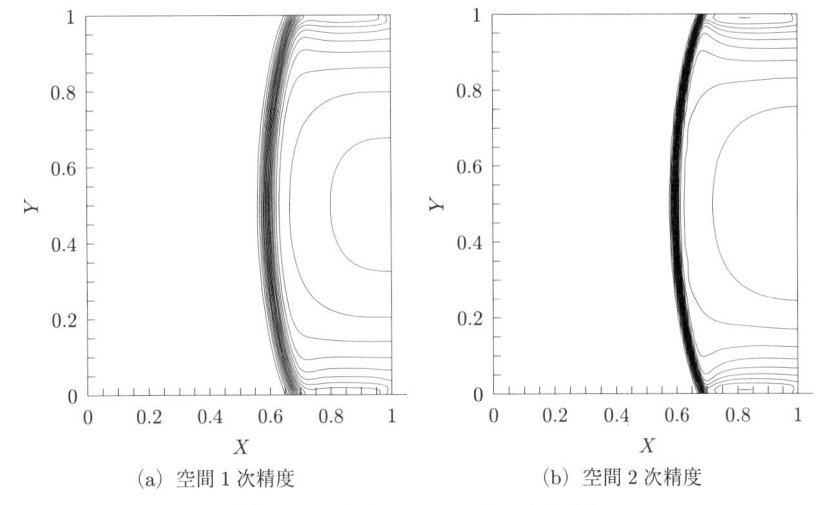

図 **9.3.3**　垂直衝撃波流れ場の密度分布

辺および上辺の境界付近では衝撃波背後に不自然な分布が現れている．これらの境界では大気条件を課しているが，衝撃波のような圧縮波が外部に抜ける際に数値的な反射が生じており，弱い膨張波が計算領域に侵入している．

図 9.3.4 に $y = 0.5$ に沿った密度分布を示す．対称線（$y = 0.5$）上の解は垂直衝撃波の厳密解に近い分布となっていることがわかる．衝撃波背後で解析解より密度が上昇するのは，壁面に向かって圧縮されるからである．式 (4.5.6) より衝撃波背後のマッハ数は $M_2 = 0.4152$ である．式 (3.9.5) に代入すると，衝撃波背後の密度と壁面上のよどみ点密度との比は $\rho_0/\rho_2 = 1.088$ となる．式 (4.3.9) より衝撃波背後の密度は $\rho_2/\rho_1 = 5.0$ であることから $\rho_0 = 5.440$ を得る（計算では $\rho_1 = 1.0$ を仮定）．実際に計算で得られたよどみ点密度は空間 1 次精度のとき $\rho_0 = 5.357$，2 次精度の場合は $\rho_0 = 5.382$ であり，2 次精度の方がよりよい一致を示すことがわかる．

図 9.3.5 は収束履歴である．本章では時間発展方程式の収束解を定常解とよぶことにするので，時間積分ごとの密度の時間微分項の RMS 値

146   9 数値解析

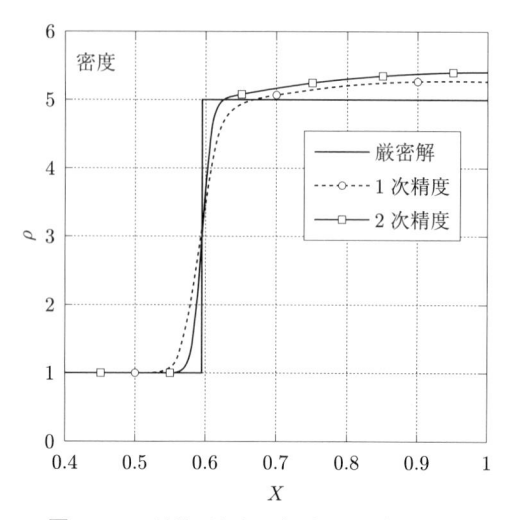

図 **9.3.4**　対称面密度分布 ($y = 0.5$) の比較

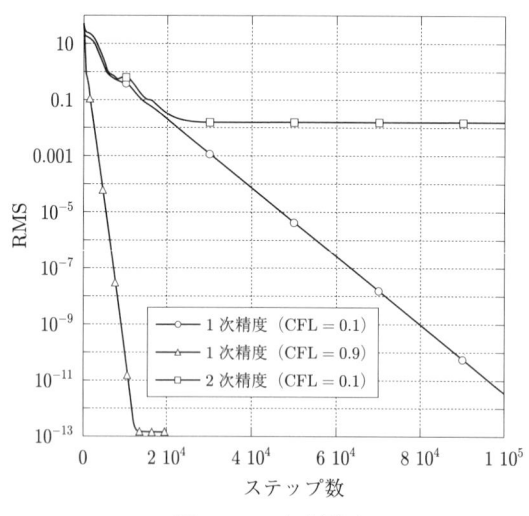

図 **9.3.5**　収束履歴

$$\mathrm{RMS} \equiv \sqrt{\frac{\sum_{n=1}^{N} \left(\frac{\partial \rho}{\partial t}\right)^2}{N}} \qquad (9.3.1)$$

で残差を定義した．空間1次精度の解はCFL = 0.1，0.9のいずれの場合も残差は単調にマシンゼロ[2]まで収束している．しかし，空間2次精度の解では初期値に比べて残差は3桁ほど落ちた後に振動が生じてしまい，それ以上は収束しない．これは空間2次精度化の際に内挿されたセル境界面の従属変数の値が数値安定性の確保のために制限されており，それが流れ場中にわずかに変動を生んでいるためと考えられる．しかし，等高線で解の変化を調べても識別できない程度の変動であり，解は実質的に収束した状態である．

9.4 斜め衝撃波

本節では，圧縮コーナーを過ぎる超音速気流によって生じる斜め衝撃波を計算する．図9.4.1(a)に問題設定を示す．また，図9.4.1(b)に計算格子を示す．底辺の偏角を$\theta = 30°$とした．計算セル数は100×100である．計算領域右辺の境界では外挿境界を課している．外挿境界では境界に接する計算セルの値をそのままゴーストセルに設定している．斜め衝撃波の場合は全域で超音速流出となるので外挿でよい（流入域に外挿境界を設定すると正しい解は得られない）．

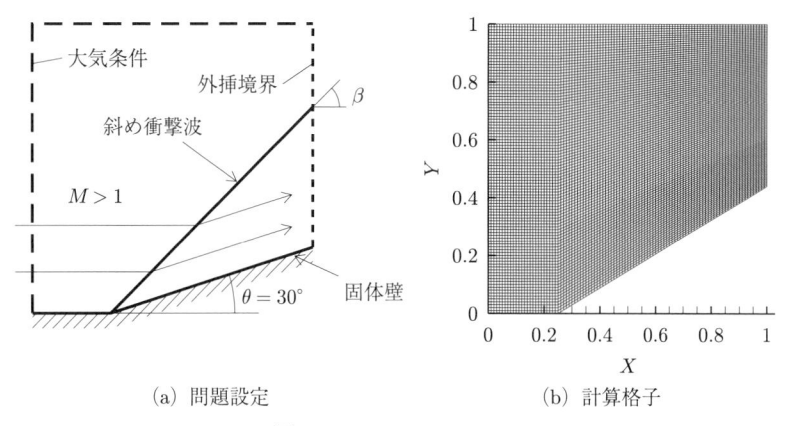

(a) 問題設定　　(b) 計算格子

図 **9.4.1**　斜め衝撃波計算

---

[2] 浮動小数点演算の丸め誤差に起因する残差．倍精度計算（64ビット）では10^{-16}程度の残差となる．

(a) 1次精度 (b) 2次精度

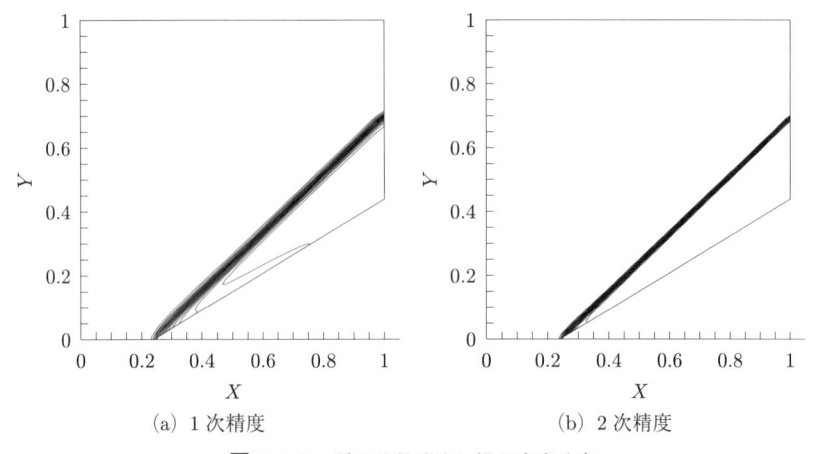

図 **9.4.2**　斜め衝撃波流れ場の密度分布

　流入マッハ数を 5 と仮定したときの計算結果を図 9.4.2 に示す．空間精度 1 次の密度分布と 2 次の密度分布を比較すると，2 次精度解の方が斜め衝撃波をシャープに捉えている．また，空間 1 次精度の密度分布では底面角部斜め衝撃波背後に密度の分布が見られるが，これは解の精度が低く斜め衝撃波が十分に発達していないためと考えられる．一方，空間 2 次精度の解では角部も斜め衝撃波がシャープに捉えられており空間精度の向上は明らかである．

　式 (6.2.3) を β について解くと弱い斜め衝撃波に対する衝撃波角として $\beta = 42.34°$ を得る．計算結果から衝撃波角を算出してみると，空間 1 次精度と 2 次精度の解はどちらも $\beta = 42.4°$ となった．一方，$\beta = 42.34°$ を用いて式 (6.1.14) から M_{n1} を求め，式 (6.1.11) に代入すると $\rho_2/\rho_1 = 4.164$ を得る．この値と計算結果の比較を図 9.4.3 に示す．底辺に沿った分布 ($j = 1$) では，衝撃波背後の値が理論値よりも小さい．とくに空間 1 次精度の解で顕著である．上述のようにコーナー角部分で斜め衝撃波が十分に発達しなかったことが原因である．斜め衝撃波が十分に形成されたと考えられる $j = 20$ の座標線に沿った分布も図 9.4.3 に示した．こちらの方は空間 1 次精度，2 次精度ともに厳密解で与えられる斜め衝撃波背後の密度の値を正しく再現している．

　さて，図 6.2.1 によると流入マッハ数が 5 のとき，偏角 θ の最大値は 41.1° となる．この前後での解の様子を調べてみよう．図 9.4.4 に偏角 $\theta = 40°$ の場

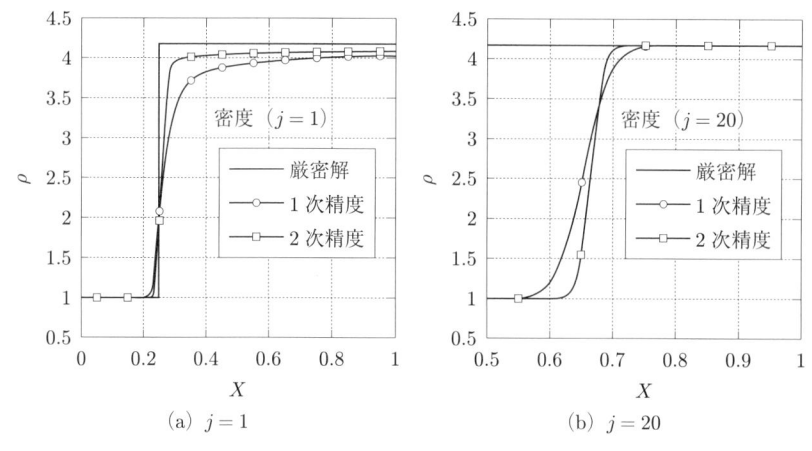

図 9.4.3 斜め衝撃波流れ場の密度分布

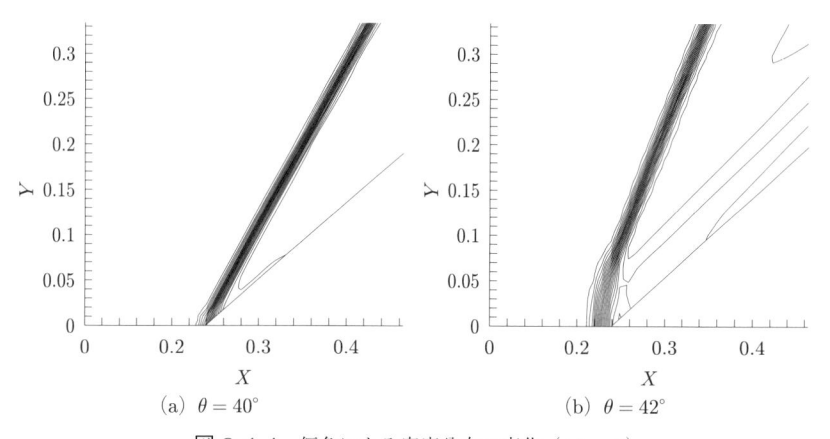

図 9.4.4 偏角による密度分布の変化（$M = 5$）

合の空間 2 次精度密度分布解と $\theta = 42°$ の場合の空間 2 次精度密度分布解を示す．$\theta = 40°$ の場合は衝撃波が角部に付着した斜め衝撃波を形成しているが，$\theta = 42°$ の場合は衝撃波は角部から上流側に離れるとともに，湾曲していることがわかる．このような衝撃波を**離脱衝撃波**とよぶ．$\theta = 42°$ では式 (6.2.3) を満たす定常な斜め衝撃波の解が存在せず，このように湾曲した離脱衝撃波解に移行することになる．理論的な最大偏角の $\pm 1°$ で数値解は衝撃

9.5 プラントル・マイヤー膨張

本節では，膨張コーナーを過ぎる超音速気流によって生じるプラントル・マイヤー膨張扇を計算する．図 9.5.1(a) に問題設定を示す．流入気流のマッハ数を $M_1 = 1.5$ とした．図 9.5.1(b) に計算格子を示す．膨張コーナーの角部の偏角を $\theta = 30°$ とした．計算セル数は 100×100 である．この計算では右辺の境界に外挿条件を課している．

図 9.5.2 に，計算で得られた空間 1 次精度ならびに空間 2 次精度で得られた密度分布を示す．斜め衝撃波の場合と同様に，空間 1 次精度の解では膨張コーナーの角部で計算精度が足らず膨張域の等密度線にも曲がりが見られるが，空間 2 次精度の解はプラントル・マイヤー膨張の様子をよく捉えている．流入マッハ数が $M_1 = 1.5$ のとき式 (7.2.6) より $\nu(M_1) = 11.91°$ である．したがって，式 (7.2.7) より $\nu(M_2) = 41.91°$ であることから，式 (7.2.6) を M_2

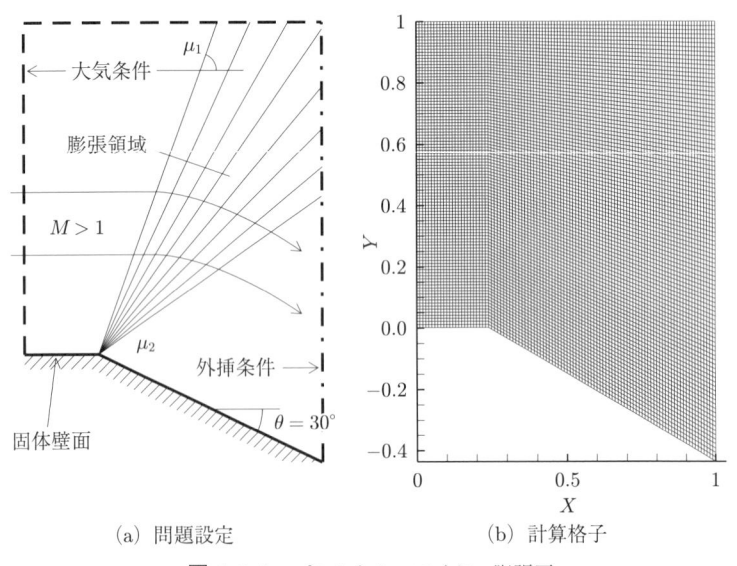

(a) 問題設定 　　　　　　　(b) 計算格子

図 **9.5.1**　プラントル・マイヤー膨張扇

(a) 1 次精度　　　　　　　　　　　　(b) 2 次精度

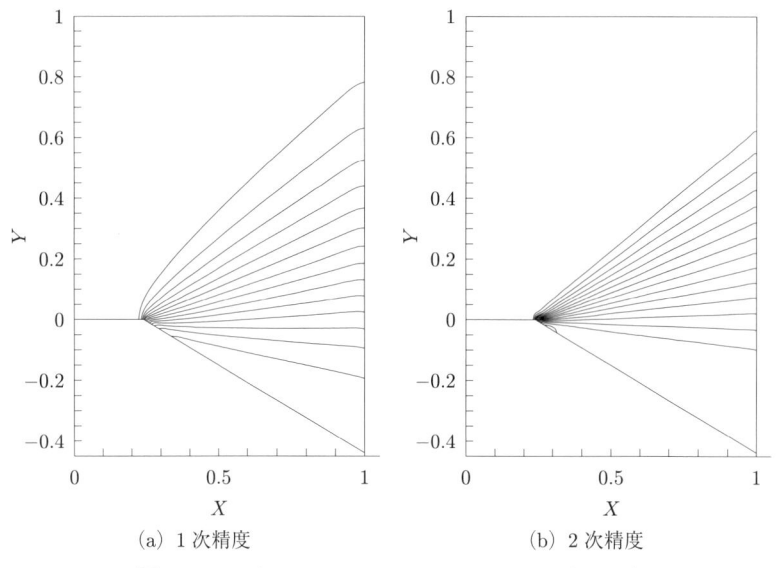

図 **9.5.2**　プラントル・マイヤー膨張流れ場の密度分布

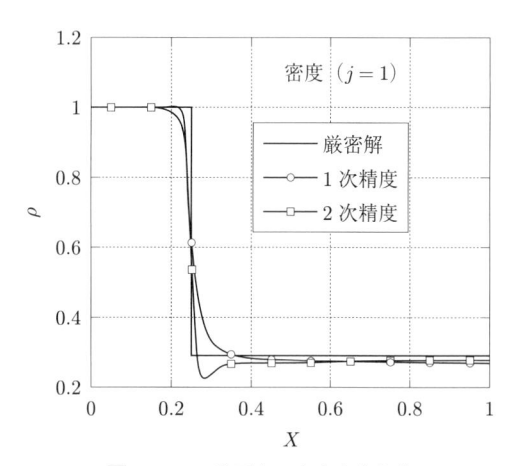

図 **9.5.3**　壁面上の密度分布比較

について解くと $M_2 = 2.622$ を得る．これより，膨張扇下流側の密度比は式 (3.9.2) より $\rho_2 = 0.2913$ となる．壁面に沿った密度分布を図 9.5.3 に示す．角部下流側で密度が少し低くなっているが，全体としては解析解との一致は悪く

ない．しかし，空間2次精度の解では角部下流側で密度のアンダーシュートが生じていることがわかる．

9.6 ラバールノズル

本節ではラバールノズルを過ぎる流れ場を解く．図 9.6.1(a) に問題設定を示す．計算領域左辺には簡単のために貯気槽条件を課した．貯気槽条件では貯気槽圧力と貯気槽密度を与え，流速は 0 とした．貯気槽条件は本来スロートとの断面積比が無限大のよどみ状態に課すべき条件である．正確を期すのであれば貯気槽状態から音速状態にあるスロートでの諸量を定めた後に，スロートと流入境界の断面積比から流入マッハ数を決め，流入諸量を等エントロピー関係式から定めればよいが，流入境界で貯気槽状態を課してもそれほど悪い近似ではない．一方，右辺では流出条件を与えた．流出条件は外挿条件と同一であるが圧力だけは指定の背圧を与える．一般に亜音速流出では流出条件がよく用いられ，超音速流出では外挿条件が用いられる．本計算では貯気槽圧力を十分に高くとることからスロート位置で気流は音速状態となり，スロート下流側では超音速気流が実現される．

2 次元ラバールノズルの形状として $h(x) = ax^3 + bx^2 + c$ を仮定する．$a = -1/6$, $b = 1/2$, $c = 1/5$ としたときのノズル形状に対する計算格子を図 9.6.1(b) に示す．ノズル出口とスロートとの面積比は $A_e/A_* = 8/3$ であり，式 (8.3.1) を M で解くと超音速解は $M = 2.512$ となる．

図 9.6.2 に数値計算で得られた流れ場のマッハ数分布を示す．貯気槽圧力を $p_0/p_a = 10$ とした．ここで p_0 は貯気槽圧力，p_a はノズル背圧である．初期条件ではノズル内各セルに貯気槽状態を与えた．ノズル出口背圧は貯気槽状態と比べて十分に低いので，計算初期にはノズル出口側から膨張が生じてノズル出口付近では最初は亜音速気流が発生する．しかし，膨張領域がスロートまで到達してスロートで音速状態が達成された以降は，スロート下流側で超音速域が拡がり最終的にノズル出口まで超音速となる．図 9.6.2 に示されたマッハ数の等高線は空間 1 次精度と 2 次精度でほとんど差はなく，いずれも出口境界で弱い圧縮を生じてマッハ数が減少している．これは流出条件で与えた背圧に

9.6 ラバールノズル

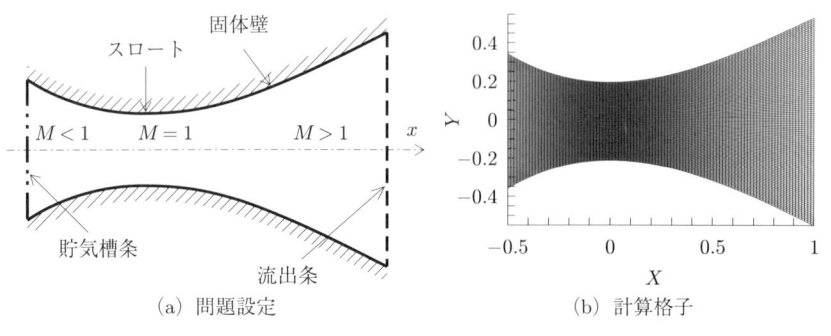

図 9.6.1 ノズル流れ計算
(a) 問題設定
(b) 計算格子

対して断面積比で決まる出口境界におけるマッハ数から求められる圧力は低くなっており，過膨張の条件となっているためである．出口境界では超音速流出のために，出口境界で外挿条件を課すと弱い圧縮は見られず流れはなめらかに流出する．ただし，計算の初期に外挿条件を課すと圧力が釣り合うためにノズル内に流れは生じない．流出条件下で超音速流出が達成された後，外挿条件に切り替えれば適切な解を得る．

一方，図 9.6.2 より，ノズル内部での等マッハ線は著しく湾曲していることがわかる．このことは第 8 章で仮定した断面内で物理量が一様であるという仮定はかなり怪しいことを示唆する．これは計算に用いたノズルの形状や断面

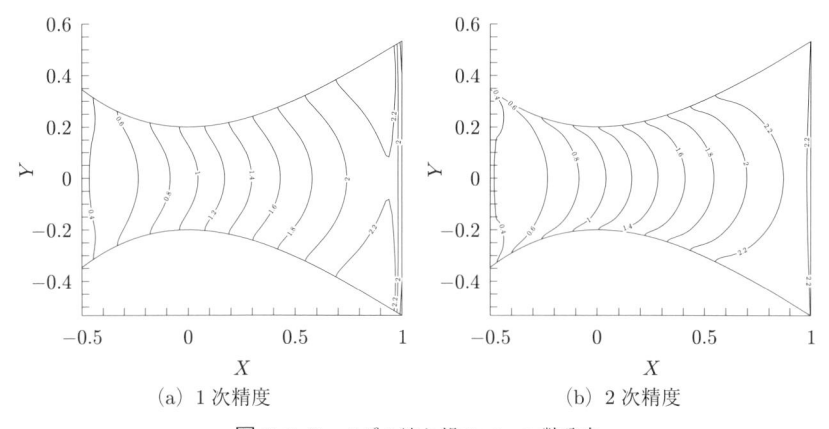

図 9.6.2 ノズル流れ場のマッハ数分布
(a) 1 次精度
(b) 2 次精度

積増加率が大きすぎるからと考えられる.実際に,仮定したノズル形状から式 (8.3.1) を M について解いた値と,数値解析で得られた解の中央線上 ($y = 0$) の値をスロート下流側で比較すると図 9.6.3 となる.数値計算で得られたマッハ数は式 (8.3.1) の値よりも低くなることから,2 次元効果を無視できないことが確認できる.

図 9.6.4 にノズル流れに対する解の収束履歴を示す.この問題は流れ場が比較的なめらかであり,勾配が制限されてる計算セルがほとんどないために,空間 2 次精度計算でもマシンゼロまで収束した.

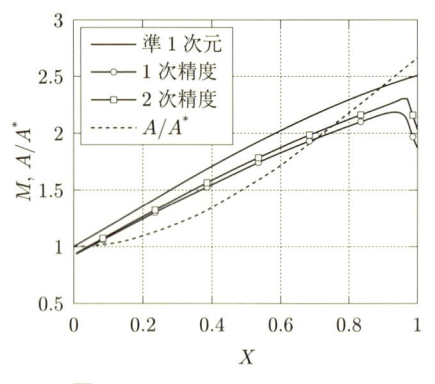

図 9.6.3 準 1 次元解との比較

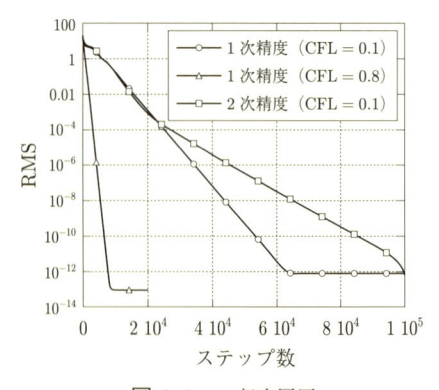

図 9.6.4 収束履歴

9.7 翼周りの遷音速流れ場

本節では NACA0012 翼型周りの非粘性圧縮性流れ場の解を与える．図 9.7.1 に問題設定を示す．円状の計算領域の中央に翼型を置いた．図 9.7.2 に計算格子を示す．翼周りを囲む座標線は図 9.7.1 の周期境界条件と記された翼後縁から外部境界に到達する座標線上の格子点から出発して翼周りを 1 周した後に同じ格子点に接続される．翼型周りを 1 周する座標線がアルファベットの O と同じトポロジーなので図 9.7.2 のような計算格子を **O-型格子** とよぶ．格子点数は周方向に 201 点，翼表面から外部境界に向かう方向に 71 点をとった．

以下ではマッハ数と迎え角を変化させた 3 ケースの 2 次精度結果を示そう．ケース 1 では一様流マッハ数を $M_\infty = 0.7$，迎え角を $\alpha = 1.49°$ とする．ケース 2 では $M_\infty = 0.55$，$\alpha = 8.34°$，またケース 3 では $M_\infty = 0.799$，$\alpha = 2.26°$ とした．いずれも風洞試験結果（NASA Technical Memorandum 81927）と比較する．

ケース 1 で得られた圧力分布を図 9.7.3，翼表面の圧力係数分布を図 9.7.4 に示す．図 9.7.3 に示された圧力の等高線より，翼周りにはなめらかな流れ場

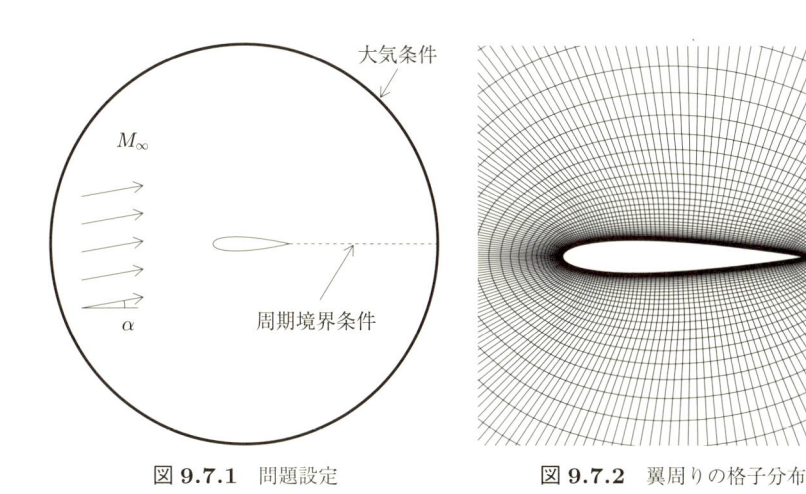

図 **9.7.1** 問題設定   図 **9.7.2** 翼周りの格子分布

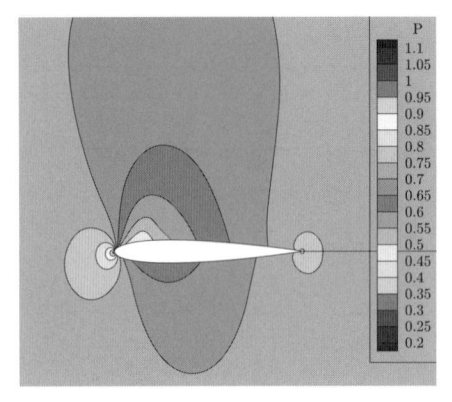

図 9.7.3 圧力分布
($M_\infty = 0.7, \quad \alpha = 1.49°$)

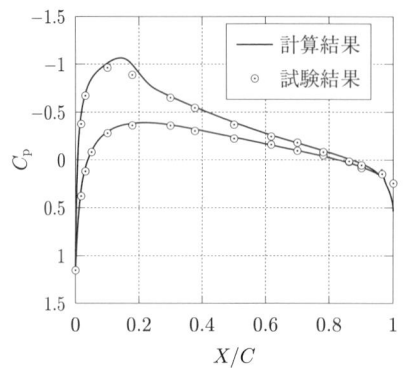

図 9.7.4 翼表面圧力係数分布
($M_\infty = 0.7, \quad \alpha = 1.49°$)

が形成されていることがわかる．図 9.7.4 の翼型周りの圧力係数分布は風洞試験結果とよい一致を示している．計算では非粘性流れ場を仮定しているが，実際の流れ場は粘性流体である．にもかかわらずよく一致しているのは風洞試験のレイノルズ数が翼弦長を基準にすると 9×10^6 と高い値なので境界層は薄く，境界層排除厚さが薄くなったためだと考えられる．

等エントロピー流れ場の圧力比を与える式 (3.9.1) に $M_1 = 0.7$, $M_2 = 1.0$ を代入すると $p_*/p_\infty = 0.7328$ を得る．*は音速点 ($M = 1$) を示す．この値を式 (3.10.1) に代入すると $C_p^* = -0.779$ を得る．これは一様流が等エントロピー膨張で音速点に到達したときの圧力係数の値である．図 9.7.4 の翼表面上の圧力係数分布の最小値は音速点の値よりも小さいことから翼上面の膨張域は超音速気流となっていることがわかる．実際に圧力係数の最小値は $C_p = -1.06$ であることから式 (3.9.1)，(3.10.1) より局所マッハ数の最大値は 1.117 となることがわかる．これより翼上面で生じる膨張域の下流側で弱い衝撃波が生じていることがわかる．計算格子が粗いためにケース 1 に対する計算ではこの衝撃波を明確に捉えることができなかった．

次にケース 2 の計算結果を示す．主流マッハ数は $M_\infty = 0.55$ でありケース 1 よりも主流マッハ数は小さいが，迎え角が $\alpha = 8.34°$ と大きいために翼前縁近くの上面側で強い膨張が生じる．図 9.7.5 に示された圧力分布より衝撃波の

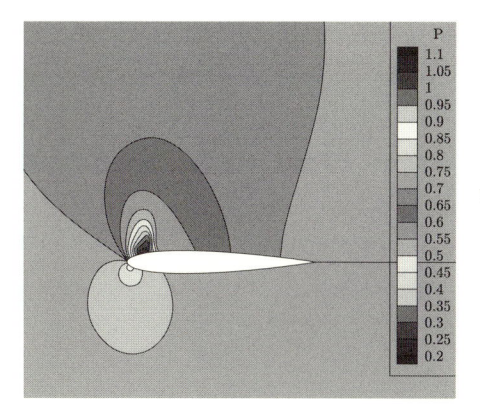

9.7 翼周りの遷音速流れ場　　157

図 **9.7.5**　圧力分布
　　　　　($M_\infty = 0.55$,　$\alpha = 8.34°$)

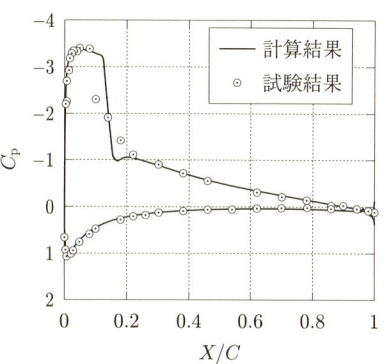

図 **9.7.6**　翼表面圧力係数分布
　　　　　($M_\infty = 0.55$,　$\alpha = 8.34°$)

発生の様子がみてとれる．一方，図 9.7.6 の翼表面上圧力係数分布より，実験の圧力分布は計算結果よりも早期に衝撃波が発生していることや，衝撃波背後で圧力回復がなだらかに生じていることがわかる．これは膨張域で境界層剥離が生じていること，また衝撃波の背後に剥離泡が発生していることを示唆している．いずれも粘性流の特徴であり，非粘性を仮定する計算では捉えられない．

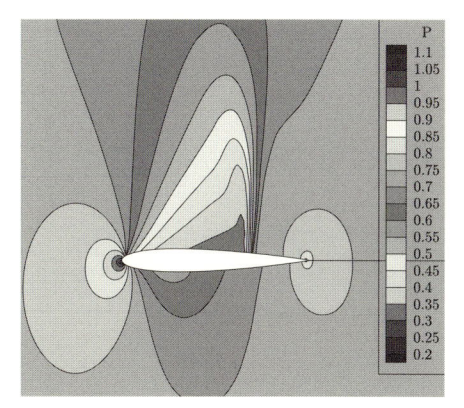

図 **9.7.7**　圧力分布
　　　　　($M_\infty = 0.799$,　$\alpha = 2.26°$)

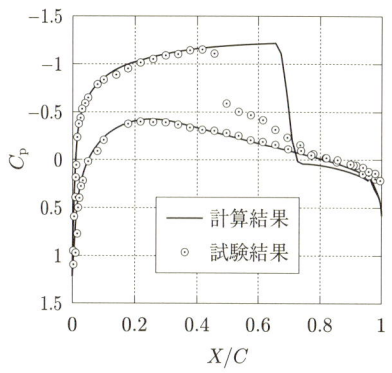

図 **9.7.8**　翼表面圧力係数分布
　　　　　($M_\infty = 0.799$,　$\alpha = 2.26°$)

最後にケース3の計算結果を示そう．図9.7.7に圧力分布を示す．$M_\infty = 0.799$，$\alpha = 2.26°$ であることから翼上面側に強い衝撃波が生じている様子がみられる．図9.7.8の翼表面圧力係数分布より，ケース2の場合と同様に実験では翼上面側で早期に衝撃波が発生して，その下流側に剥離泡が生じている様子がみてとれる．一方，計算では非粘性を仮定しているためにそのような効果は現れず，衝撃波は実験に比べてかなり下流側に現れた．

9.8 過膨張，適正膨張，不足膨張ジェットの計算

第8章で取り上げたノズルから噴出する不足膨張，適正膨張ならびに過膨張ジェット流を求め，流れ場の特徴を調べることにする．図9.8.1に問題設定を示す．2次元ジェットを仮定した．この計算では計算領域を $0 \leq x \leq 1.5$，$-0.5 \leq y \leq 0.5$ に設定した．また，計算領域を 301×201 点の格子点で離散化した．格子間隔は $\Delta x = \Delta y = 0.005$ となる．左端の境界に仮定した流入境界から指定された圧力およびマッハ数のジェットを計算領域内に流入させる．ジェット流入以外の左端，右端，ならびに上下端の境界はすべて大気条件を課している．

最初に過膨張の流れ場を示す．流入境界におけるジェットの静圧と周囲大気の静圧との比を0.3，流入マッハ数を3.0とした．また，周囲大気は $M_\infty = 0.1$ の流れ場を仮定して，計算を開始した直後に発生する大小さまざまな渦が計算領域外に流れ去るようにした．図9.8.2にマッハ数分布を示す．

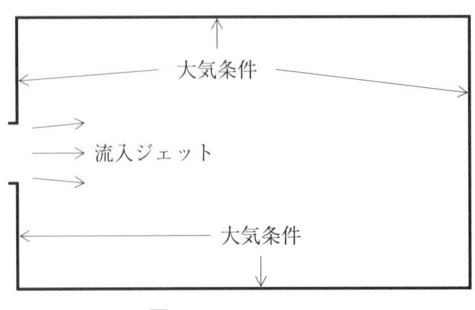

図 **9.8.1** 問題設定

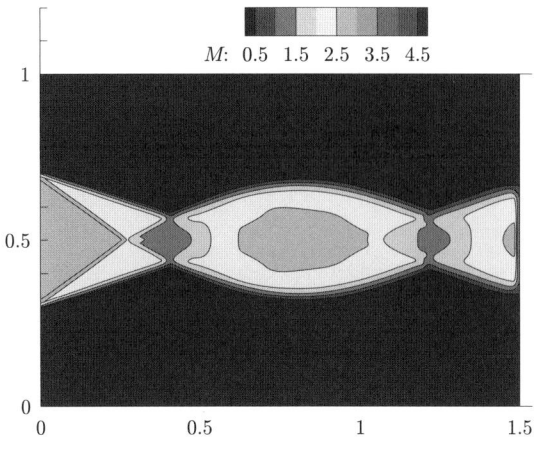

図 **9.8.2** 過膨張 2 次元ジェット流れ場のマッハ数分布

　ジェット流入時の静圧は周囲圧力よりも低いために，斜め衝撃波が発生する．斜め衝撃波下流側は圧力が上昇してジェット境界で周囲大気圧力と釣り合う．斜め衝撃波が交差するとその下流側では周囲よりも圧力が高くなるために，最初のくびれ部分から下流側では不足膨張ジェット流と同様に膨張して周囲大気圧と釣り合う．また，くびれ部分で発生した膨張波はジェット境界で反射して圧縮波に転じ，再び集まって斜め衝撃波を形成する．計算ではこの衝撃波面を明確には捉えていないが，斜め衝撃波交差後は再び静圧が周囲圧力より高くなるため膨張に転じる様子がみてとれる．

　次に適正膨張の流れ場を示す．流入ジェットのマッハ数を 3.0 とした．また，周囲大気は $M_\infty = 0.1$ の流れ場を仮定している．計算結果を図 9.8.3 に示す．適正膨張であるからジェット境界でもともと静圧が釣り合うためにジェットは縮流して衝撃波が発生したり，あるいは膨張して膨れるようなことはない．しかし，計算結果から明らかなようにジェット気流中にはジェット流入境界から弱い波が生じている．これは強い剪断流れ場となっているジェット境界が数値的に拡散したためにわずかに不足膨張の状態となり，弱い膨張波がマッハ波としてジェット中に現れたものと推察される．また，右端の流出部分でも弱い波が生じているが，右端の大気条件で数値解と境界条件が完全にはマッチしないために生じた弱い反射のために生じたと考えられる．

160   9 数値解析

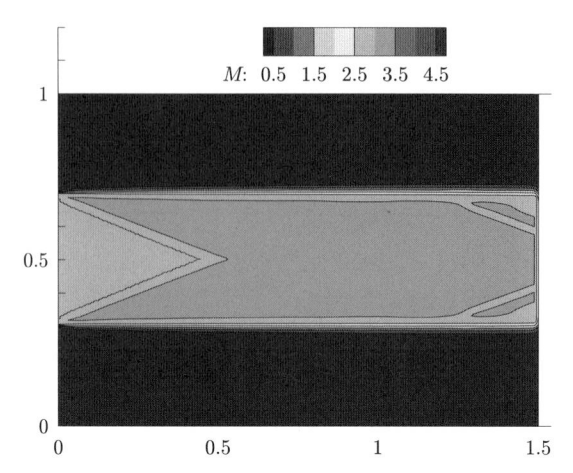

図 9.8.3 適正膨張する 2 次元ジェット流れ場のマッハ数分布

　最後に不足膨張の流れ場の結果を示そう．流入口でのジェット静圧と周囲大気の静圧の比を 10 とする．一方，静圧比が大きい不足膨張ジェットの特徴的な流れ場を計算領域内に収めるために，ジェット流入マッハ数を 1.0 と仮定した．ちょうどノズル出口でチョークした条件である．また，過膨張や適正膨張の場合と比べてジェットは大きく外側に膨張することから，ジェット流入口のサイズを小さくとっている．周囲大気は $M_\infty = 0.1$ の流れ場を仮定した．

　計算結果を図 9.8.4 に示す．ノズル出口ではジェットの静圧と周囲圧力が釣り合わないために，ノズル出口端から強い膨張波が生じる．この結果，ジェット境界は外側に大きく膨れ周囲流れ場と静圧が釣り合う．出口で生じた膨張波はジェット境界で反射して圧縮波に転じ，それが収束することによってマッハディスクの上流側に樽状衝撃波を発生させている．また，その背後にマッハディスクが現れ，ジェット流は亜音速流に減速する．マッハディスク上下端では衝撃波 3 重点が形成されており，その斜め衝撃波背後にはジェット境界とマッハディスク下流側の亜音速流の間に挟まれた超音速流れが生じている様子がみてとれる．

　本節では過膨張，適正膨張および不足膨張ジェット流れ場の計算を行った．計算結果は各ジェット流の特徴をよく再現しているが，以下の点を指摘して

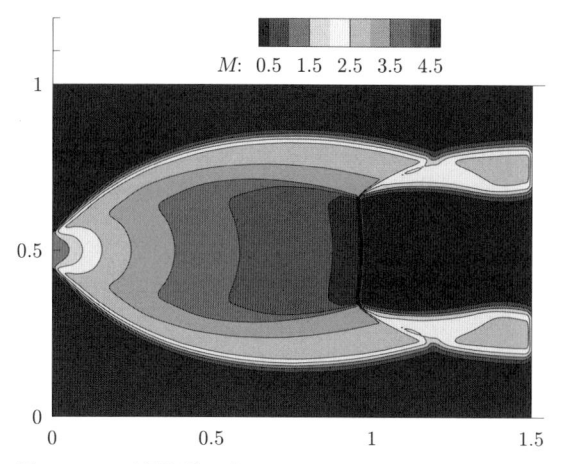

図 **9.8.4** 不足膨張 2 次元ジェット流れ場のマッハ数分布

おく．風上差分法にもとづく数値計算では必ず数値粘性（拡散）効果が含まれる．しかし，非線形効果から衝撃波面にはもともと突っ立つ傾向があるため，数値粘性のために波面が鈍る効果は限定的となる．これに対して，ジェット境界などの接触不連続面あるいは剪断層には波が突っ立つ効果がないために，一度波面が数値的に拡散してしまうと再び集まることはない．この違いのために，本節の数値計算で得られたジェット境界は衝撃波面と比べて相対的に鈍っている．

演 習 問 題

9.1 minmod 関数は

$$\mathrm{minmod}(a,b) = \mathrm{sgn}(a) \cdot \max[0, \min\{|a|, b\,\mathrm{sgn}(a)\}]$$

とかくことができる．式 (9.2.9) と一致することを確かめよ．

索引

数字・欧文

1次元等エントロピー流れ　1-dimensional isentropic flow　69
1次元非定常流　1-dimensional unsteady flow　65
2次元非粘性圧縮性流れ場　2-dimensional inviscid compressible flow　135
　　数値計算　155

CFD　Computational Fluid Dynamics　→数値流体力学
DNS　Direct Numerical Simulation　→直接計算
ICAO　International Civil Aviation Organization　→国際民間航空機関
JAXA　Japan Aerospace Exploration Agency　→宇宙航空研究開発機構
LES　Large Eddy Simulation　→ラージエディシミュレーション
MDO　Multidisciplinary Design Optimization　→多目的最適化
minmod 関数　minimum modulus function　140
NAL　National Aerospace Laboratory　→航空宇宙技術研究所
NEXST　National Experimental Supersonic Transport　→次世代超音速機技術の研究開発
O-型格子　O-type grid　155
S3　Silent SuperSonic　→静粛超音速機技術の研究開発
Sears-Haack 体　Sears-Haack body　15
SSBJ　Supersonic Business Jet　→超音速ビジネスジェット機
SST　supersonic transport　→超音速旅客機
SST/SSBJ　→次世代超音速航空機

あ行

アインシュタインの総和規約　Einstein summation convention　22
亜音速　subsonic　9
圧縮性　1
圧縮性流体力学　Compressible Fluid Dynamics　1
圧縮波　compression wave　96
圧縮率　compressibility　2
圧力係数（圧縮性流れ場）　pressure coefficient（compressible flow）　44
アルキメデスの原理　Archimedes' principle　30
依存領域　domain of dependence　11
一般ガス定数　universal gas constant　14, 33
宇宙航空研究開発機構（JAXA）　Japan Aerospace Exploration Agency　16
運動量保存則　momentum conservation law
　　積分形　22
　　微分形　25
影響領域　region of influence　11
エネルギー保存則　energy conservation law
　　積分形　24
　　微分形　26

索 引

エリアルール　area rule　15
エンタルピー　enthalpy　34
エントロピー変化　entropy change　40
　　垂直衝撃波　57
　　斜め衝撃波　81
音の壁　sound barrier　1
音速状態　sonic condition　9

か 行

ガウスの発散定理　Gauss divergence theorem　25
可逆過程　reversible process　36
風上法　upwind method　139
ガス定数　gas constant　14, 33
過膨張　over-expansion　120, 158
　　数値計算　158
完全気体　perfect gas　34
ガントンネル型衝撃風洞　gun tunnel　131
気体力学　Gas Dynamics　1
希薄波　rarefaction wave　96
局所マッハ数　local Mach number　5
空気取り入れ口　air intake　91
クラジウスの定理　Clasius theorem　37
クロッコの定理　Crocco's theorem　45
クロネッカーのデルタ　Kronecker delta　23
計算セル　computational cell　136
限界速度　maximum velocity　42
検査体積　control volume　7, 21
原始変数　primitive variable　140
高エンタルピー気体　high enthalpy gas　109
航空宇宙技術研究所（NAL）　National Aerospace Laboratory　15
ゴーストセル　ghost cell　144
国際民間航空機関（ICAO）　International Civil Aviation Organization　18
極超音速飛行　hypersonic flight　1
コンコルド　Concorde　15
コントロールボリューム　control volume →検査体積

さ 行

サイクル　cycle　37
最適設計　optimum design　72
三重点　triple point　87
時間刻み幅　time step size　141
次世代超音速機技術の研究開発（NEXST）　15
次世代超音速航空機（SST/SSBJ）　19
実質微分　substantial derivative　2
質量保存則　mass conservation law
　　積分形　21
　　微分形　25
自由境界　free boundary　88
自由ピストン駆動型衝撃風洞　free piston driven shock tunnel　130
準1次元流れ　quasi 1-dimensional flow　109
衝撃波　shock wave　12, 49
衝撃波角　shock angle　78
衝撃波管　shock tube　109, 121
衝撃波強さ　shock strength　55
衝撃風洞　shock tunnel　109, 121, 130
衝撃マッハ数　shock Mach number　123
擾乱　perturbation　65
垂直衝撃波　normal shock wave　49
　　エントロピー変化　57
　　数値計算　143
　　全圧の変化　61
　　保存則　50
数値粘性項　artificial viscosity term　139
数値流束関数　numerical flux function　138
数値流体力学（CFD）　Computational Fluid Dynamics　135
すべり線　slip line　87
スロート　throat　114
静粛超音速機技術の研究開発（S3）　16
正常反射　regular reflection　87
接触面　contact surface　88, 121
全　圧　total pressure　61
全圧損失　total pressure loss　91

全圧の変化　total pressure change　61
　　垂直衝撃波　61
　　斜め衝撃波　81
全エンタルピー　total enthalpy　41
全　温　total temperature　61
線形スカラー移流方程式　linear scalar advection equation　141
総　圧　total pressure　61
総　温　total temperature　61
ソニックブーム　sonic boom　16

た 行

第2スロート　second throat　132
体積弾性率　bulk modulus　3
ダイヤモンドショック　shock diamond, Mach diamond　49
多目的最適化（MDO）　Multidisciplinary Design Optimization　73
樽型衝撃波　barrel shock wave　49, 119
断熱過程　adiabatic process　36
単目的最適化　single objective optimization　72
超音速　supersonic　9
超音速飛行　supersonic flight　1
超音速ビジネスジェット機（SSBJ）　Supersonic Business Jet　18
超音速旅客機（SST）　supersonic transport　15
チョーク現象（チョーキング）　choking phenomenon　118
貯気槽状態　reservoir condition　100
直接計算（DNS）　Direct Numerical Simulation　75
強い衝撃波　strong shock wave　85
強い衝撃波解　strong shock wave solution　84, 85
ディフューザ　diffuser　109
適正膨張　optimum expansion, correct expansion　114, 159
等エントロピー過程　isentropic process　36
等エントロピー流れ　isentropic flow　42
凍結流　frozen flow　118

特性曲線　characteristic curve　67, 68
特性曲線法　method of characteristics　68

な 行

内部エネルギー　internal energy　34
中細ノズル　converging-diverging nozzle　112
斜め衝撃波　oblique shock wave　49, 77
　　エントロピー変化　81
　　干　渉　87
　　数値計算　147
　　全圧の変化　81
　　反　射　87
　　保存則　78
ナビエ・ストークス方程式　Navier-Stokes equations　74
入射衝撃波　incident shock wave　87
熱的完全気体　thermally perfect gas　34
熱力学の第1法則　first law of thermodynamics　35
　　エントロピーを用いた表現　39
熱力学の第2法則　second law of thermodynamics　39
熱量的完全気体　calorically perfect gas　34
ノイマン基準　von Neumann criterion　91
ノズル　nozzle　109
　　亜音速流れ　114
　　数値計算　152
　　超音速流れ　114
　　ノズル断面積と流速の関係　111
　　保存則　110
ノズル喉部　nozzle throat　114
の　ど　throat　114

は 行

反射衝撃波　reflected shock wave　87
非圧縮性流体　incompressible fluid　2
非粘性流れ場　incompressible flow　23
不足膨張　under-expansion　121, 159

索引

　　数値計算　158
付着衝撃波　attached shock wave　49
プラントルの関係式　Prandtl relation →
　　プラントル・マイヤーの関係式
プラントル・マイヤー関数　Prandtl-Meyer
　　function　99
プラントル・マイヤーの関係式
　　Prandtl-Meyer relation　59
プラントル・マイヤー膨張扇
　　Prandtl-Meyer expansion fan　99
　　限　界　101
　　数値計算　150
雰囲気圧力　ambient pressure　112
分子粘性　molecular viscosity　23
偏角（流れ）　deflection angle　77
膨張衝撃波　expansion shock wave　60
膨張扇　expansion fan　99
膨張波　expansion wave　96
保存則　conservation law　21
　　垂直衝撃波　50
　　斜め衝撃波　78
　　ノズル流れ　110
　　ベクトル形式　29
保存変数　conservative variable　29

ま　行

マイヤーの関係式　Mayer's relation　34
マイヤーの関係式　Meyer's relation →プ
　　ラントル・マイヤーの関係式
マシンゼロ　machine zero　147
マッハ円錐　Mach cone →マッハコーン
マッハ角　Mach angle　11
マッハコーン　Mach cone　9
マッハ数　Mach number　4
マッハステム　Mach stem　87
マッハ線　Mach line　83
マッハディスク　Mach disk　49, 119
マッハ波　Mach wave　83
マッハ反射　Mach reflection　88
ムーアの法則　Moore's law　75

や　行

有限体積近似　finite volume
　　approximation　137
有限体積法　finite volume method　136
有心膨張波　centered expansion wave
　　99
弓型衝撃波　bow shock wave　49
よどみ点　stagnation point　41
　　圧力係数　44
よどみ点圧力　stagnation pressure　61
よどみ点エンタルピー　stagnation
　　enthalpy　41
よどみ点温度　stagnation temperature
　　61
よどみ点状態　stagnation condition
　　100
弱い衝撃波　weak shock wave　85
弱い衝撃波解　weak shock wave relation
　　84, 85

ら・わ行

ラージエディシミュレーション　Large
　　Eddy Simulation　75
ラバールノズル　Laval nozzle　112
ランキン・ユゴニオの式
　　Rankine-Hugoniot equation　55
　　一般化された　55
リーマン不変量　Riemann invariant　67
力学的平衡基準　mechanical equilibrium
　　criterion　91
理想気体　ideal gas　33
離脱基準　detachment criterion　91
離脱衝撃波　detached shock wave　49,
　　149
流束関数　flux function　29
臨界音速　critical speed of sound　60
臨界状態　critical condition　59
ワープ翼　warp wing　15

航空宇宙工学テキストシリーズ
圧縮性流体力学

平成 27 年 10 月 27 日　発　　　行
令和 4 年 9 月 20 日　第 5 刷発行

編　者　一般社団法人　日本航空宇宙学会

発行者　池　田　和　博

発行所　丸善出版株式会社
〒101-0051 東京都千代田区神田神保町二丁目 17 番
編集：電話 (03) 3512-3266／FAX (03) 3512-3272
営業：電話 (03) 3512-3256／FAX (03) 3512-3270
https://www.maruzen-publishing.co.jp

© The Japan Society for Aeronautical and Space Sciences, 2015

組版印刷・大日本法令印刷株式会社／製本・株式会社 松岳社

ISBN 978-4-621-08970-5 C 3353　　Printed in Japan

本書の無断複写は著作権法上での例外を除き禁じられています．